美丽绽放

编委会

主任

张丽丽

副主任

孙红岩	李建秦	沈慧琴	陈丽
周朱光	周珏珉	赵小蝶	饶清
徐家平	唐盈	黄绮	董剑珍
马丽华	王秀红	王春红	朱盈
陈黎	曾楚涵	谭燕萍	樊雪莲
李培红	裴小倩	张秀智	王佳
杨彬	严琦	陈小珍	陈月琴
侯艳	任桂云	江妙敏	陈建军
张丽萍	孙斌	张桂平	陈汇辉
沈莹	汤蓓华	龚航宇	杨彦

施纪军

编委会

严琦	卞文	王捷	刘珊
姜为民	黄美华	吴春梅	王梓诚

陈彗

采写

顾学文

BEAUTIFUL
BLOSSOM

SHANGHAI CHEONGSAM PERFORMANCE IN SHANGHAI OF CCTV SPRING FESTIVAL GALA

美丽绽放

央视春晚上海分会场海派旗袍表演团纪实

上海海派旗袍文化促进会 编

上海人民出版社

序

品行诗意 绽放美丽

上海广播电视台党委书记 滕俊杰

　　我始终认为：执着并完美一次全新的文化尝试，就可能创造出一个令人钦佩的传奇。

　　2017年已经过去一半了，年初中央电视台最具影响力的迎新盛典——2017年春节联欢晚会，还是历历在目。今年的央视春晚以"运筹帷幄之中、决胜千里之外"的思路为手笔，除了在北京设立中心舞台外，又在全国设立了理念、格局和节目标准超过以往的东西南北四个分会场，即：上海浦东、四川凉山、广西桂林、黑龙江哈尔滨，四个分会场各自拥有7分钟表演、展示时间。其中，我们上海的"7分钟"在举世瞩目的东方明珠城市广场举行，通过极富国际大都市特色的新春问候祝福和两大节目，亮出了鲜明的"基因身份证"，将上海这座梦想之城、魅力之城演绎得时尚靓丽、精彩绝伦。其中第二个节目：歌曲+大型旗袍表演《紫竹调·家的味道》是由上海海派旗袍文化促进会牵头，由500多位旗袍姐妹共同表演、出色完成的。这是央视春晚有史以来首次大规模的旗袍文化整体直播展示，来自上海各行各业、包括高校的精英姐妹们，身着海派旗袍尽情展示了隽美、聪颖、修养，尽情展示了上海这座城市的优雅气质和诗意品行。

　　记得去年11月中旬，我应央视之邀，带领李燮智副总监、赵蕾导演等第一次去北京策划节目时，双方迅速达成的几个创意共识中，就有"海派旗袍"这个艺韵兼备的选题。我讲述了500多位旗袍姐妹在前一年意大利米兰世博会"中国日"及"上海周"期间楚楚圣洁、优雅表演，赢得无数欧美观众热情赞扬和东方崇拜的一幕幕情景。春晚总负责人、央视副总编辑朱彤、央视综艺频道总监朗昆和总导演杨东升听后连连赞许，马上予以肯定。回到上海后，SMG导演组就马不停蹄地开始了全方位的准备。

《美丽绽放》这本书描述了上海海派旗袍文化促进会在接到此次任务后，如何迅速完成超过500人规模的大型表演队伍的集结；如何在11天内完成500多件海派旗袍的设计、量体、制作、交付使用的整个过程；更描写了各位旗袍姐妹如何在17天时间里投入艰苦训练直至深夜、最终结出丰硕成果的心路历程，包括：精彩完成重中之重的除夕夜央视春晚上海分会场的歌曲+大型旗袍表演《紫竹调·家的味道》，此外，还录制了央视综艺频道30分钟春节特别节目：大型旗袍秀《爱就一个字》；东方卫视元宵晚会《月圆花好》等系列。这一切，都在上海广播电视台精心制作的30分钟纪录片《旗袍姐妹》中一一呈现。

也记得1月13日晚上10点多，我和SMG的王建军台长、袁雷副书记以及大型活动部总监张颂华等到一个个演出团队去看望、慰问，当我们来到海派旗袍表演团休息室，看到上海海派旗袍文化促进会会长张丽丽正激情洋溢地和500多位姐妹们进行当天排练后的总结交流，布置落实导演组提出的下一步排练要求。此情此景，让我们一行十分感动。我知道，旗袍姐妹中的大多数都是高学历的一线管理者或各个领域的领军人物，她们利用业余时间参加此次超过两周的排练，而且全部自费、不要　分补贴，每天在天寒地冻的现场认真集训、排练到深夜，并一次次应对各种新的变化要求，不出差错、确保质量，这种至淳人格和认真精神实在令人感佩。张丽丽会长一定要我作个即兴讲话，我对具有"高贵品行、高昂热情、高效组织"的表演团及全体旗袍姐妹表达了真诚的赞誉和致意。之后，我又了解到张丽丽会长带着李培红副会长、严琦副会长等多方联系，争取到上海市妇联徐枫主席、各区妇联、有关系统、集团领导的热情支持，落实了旗袍姐妹们的保障支持措施，确保500多位姐妹连续17天在前期连绵阴雨薄冰、后期连续零下三四度的寒夜身着旗袍贴着暖宝宝一遍遍专业化录排、直至最后完美的演出，在体能和精神的巨大考验中，尽显高雅的仪态和坚毅的品德，也创下了一个各项要素相加的新的世界吉尼斯纪录，成为我们心目中一段奔逸绝尘、无与伦比的传奇。

海派旗袍春晚的成功精彩展示，让全球十几亿观众领略了最靓丽、最具上海品质和风情的一张名片。此刻，我想起并非常赞同张丽丽会长在海派旗袍表演团春晚总结表彰大会上的一段话："参与央视春晚对旗袍姐妹而言意味着一份荣誉、一种责任，更是一次历练。春晚给我们留下了宝贵的精神财富：这就是勇于拼搏的精神、集体主义的精神和自觉奉献的精神。"唯美主义和品行至上的价值观，将激励旗袍姐妹们在今后的人生道路上走得更好，并为整个社会留下美好的启迪。

上海海派旗袍文化促进会近年来一直以公益的方式致力于海派旗袍文化的传播、促进女性文明素养的提升。促进会每年集聚各方力量，积极开展以"精彩都市，因你更美"为主题的"上海市6·6海派旗袍文化推广日"系列活动；又创新策划，有效推动"海派旗袍文化进校园"活动；并以"相约"为文化交流品牌一次次走向世界，引起海外人士的浓厚兴趣和热烈反响，为推进海派旗袍文化传承、促进珍贵的国家级"非遗"项目的活态保护、建设美丽上海和传播中华优秀文化作出了积极的贡献。上海海派旗袍文化促进会也因此荣获了上海市"三八红旗集体"的称号，充分体现了政府及社会各界的高度认可和褒奖。

《美丽绽放》是一本值得细读、收藏的书，相信读者朋友们一定会从中感受到人格的美丽、艺术的美妙、生活的美好。

谨此为序。

2017年7月8日于上海

目录

序 品行诗意 绽放美丽 1

序幕 10

第一章 造梦 15

    造梦1 17

    造梦2 19

    造梦3 25

第二章 逐梦 31

    逐梦1 33

    逐梦2 38

    逐梦3 41

    逐梦4 50

镜头1·秦艺 52

镜头2·瀚艺 56

镜头3·蔓楼兰 59

镜头4·金枝玉叶 63

镜头5·绣写 67

镜头6·香黛宫 69

逐梦5 75

B团团长马丽华 79

C团团长朱盈 83

D团团长江妙敏 86

E团团长张桂平 88

F团团长刘珊 90

B6支队支队长卢小洁 95

每位支队长都很拼 97

逐梦6 105

闪耀之星·茅善玉 107

闪耀之星·马晓晖 110

闪耀之星·史依弘......115

闪耀之星·沈昳丽......119

闪耀之星·华雯......124

闪耀之星·王维倩......128

闪耀之星·黄奕......130

闪耀之星·汤蓓华......132

闪耀之星·王真......135

闪耀之星·吴尔愉......137

逐梦7......140

联合大作战·娘家人......149

联合大作战·娘子军......151

联合大作战·大后方......156

联合大作战·母女兵......158

第三章　圆梦......161

圆梦1......167

圆梦2......173

圆梦3..175

后记..177

后记1 不能遗忘与放弃这种美..179

后记2 是对上海的热爱让大家走到了一起................................181

春晚520名单..204

大台阶上旗袍姐妹们的演出

序幕

2017年1月27日, 夜, 上海, 东方明珠电视塔下。

舞台极绚烂。

不仅有400多平方米高高竖起的立屏, 就连脚下这1000多平方米的广场, 也全部铺以LED屏幕; 在立屏和地屏之间, 是被7600米灯带环绕的台阶。

一切, 闪烁着, 耀眼着, 欢腾着。屏幕上的画面, 是喜气洋洋, 是春意盎然, 是浓浓的年的味道。

看着, 就暖。

而实际上, 此刻正是深冬季节, 又是临近半夜的钟点, 陆家嘴林立的高楼, 让这风吹得嗖嗖的, 像刀子一样。

但台阶上、地屏上, 520位身着各色、各式旗袍的丽人, 竟似浑然觉不到这冷风。和它缠斗了17天, 到了压轴大戏即将开演的时刻, 谁都无

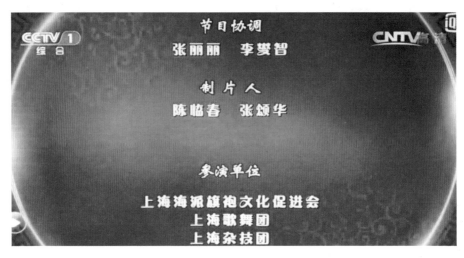

张丽丽会长参与了央视春晚上海分会场的节目协调

暇顾及其他了。

没人看表，也不需要看表，那秒针，就在每个人的心里滴答着，滴答着……

23：40，23：41，23：42……

当的一声，23：45分，就像有把小锤子，无声无形，却不晓得在哪颗心的角落重重地敲了下来，荡开的声波把每个人的耳膜震得嗡嗡响，那一瞬间，每个人都跟自己说：大戏开演了。

一曲《紫竹调·家的味道》，悠扬在央视春晚上海分会场的上空；520位旗袍姐妹优雅的身影，生动着2017年的除夕夜。

全国的人民，全世界的华人，多少双眼睛，惊叹着、品味着、感受着：这一刻，是海派旗袍最美丽的绽放。

从排练到演出，整整17天，过程中的点点滴滴，铺陈出一部波澜壮阔的海派旗袍史诗大片。

大片的主角，这520位旗袍丽人，有10位是来自不同领域的文艺明星，以及全国"三八红旗手""全国劳动模范"这样的行业明星；有10位是留学上海的来自10个国家的大学生；而500个"她们"，则代表着上海各行各业的优秀女性，她们中有生于斯长于斯的上海姑娘，也有来到上海、爱上这片热土的新上海人。

如同一部史诗大片不仅需要有敬业的演员，还需各个分工团队的鼎力协助一样，这部海派旗袍史诗大片，亦是各方力量心血的凝聚，而组织各方力量的，便是始终以推广海派旗袍文化为己任的上海海派旗袍文化促进会。

520，吾爱侬，是千言万语最后凝成的一句质朴告白，是历经千辛万苦后一个铿锵的承诺，是用奉献实践的梦想。

从造梦、逐梦到圆梦，究竟发生了些什么？

上海海派旗袍文化促进会会长张丽丽，有记日记的习惯，为完整记录海派旗袍登上央视春晚舞台这一动人心魄的美丽绽放过程，她特意启用了一本新的日记本。如今，再回头翻看这本日记本，那些充满欢笑与泪水的记忆，重又鲜活了起来。

歌曲和旗袍秀《紫竹调·家的味道》大平台上旗袍姐妹们的演出

2017年央视春晚节目表

10位明星和10位外国留学生在央视春晚上的表演

第一章 造梦

"魅力上海 相约清迈"圆满成功后，两地官员亲切会见旗袍姐妹

旗袍姐妹在清迈合影

造梦1

2016年9月26日晚，泰国清迈

不负"北国玫瑰"的雅称，清迈果然风景秀丽，市内遍植花草，尤其是那一丛丛、一簇簇的玫瑰，让人看了如何不欢喜。

因为是高原城市，这里气候凉爽，但此刻，我的心热腾腾的，似乎还不能平静下来。

今年是上海和清迈结成友好城市40周年，今天白天，上海海派旗袍文化促进会与静安区旅游局共同举办的"魅力上海，相约清迈——上海形象宣传活动"，完成得顺利且成功。

上海市人大常委会主任、党组书记殷一璀率领的上海市代表团，和清迈府府尹率领的100多位当地各界人士，进行了友好、热烈的交流活动。活动中，我们的旗袍姐妹，一如既往，展现出了最佳的状态：她们身着旗袍，把一曲《春江花月夜》演绎得美美的。

尤其让人激动的是，在活动致辞环节，殷一璀主任称赞咱们的姐妹是"上海民间外交大使"，台下姐妹们的脸上写满了自豪。

不仅是自豪，姐妹们还有了新的目标。

就在刚才的晚饭时间，当我还在参加上海市代表团与中国驻清迈领事馆的交流活动时，收到了参演姐妹发来的一段小视频。视频中，姐妹们挤在镜头前，打头的海派旗袍文化促进会理事单位绍兴饭店的董事长余红霞笑着问我："会长，我们去了米兰世博会，今天又作为上海的民间外交大使来到了清迈，姐妹们想问问您，什么时候我们能登上央视春晚的舞台呀？"

面对姐妹们期待的目光，我除了微笑，一时不知道还能说什么。

央视春晚，多大的一个梦呀，又是多美的一个梦，这个梦，会有实现的机会吗？

我也很想知道答案。

——张丽丽

从清迈回来，"上央视春晚"这5个字，一直盘旋在张丽丽的脑海中，赶也赶不走。

两年多前的2014年9月19日，上海海派旗袍文化促进会正式成立。当时，除了一块牌子，几乎什么都没有，正是一家家旗袍定制企业、一个个热爱旗袍的姐妹，以及来自方方面面的支持海派旗袍文化发展的热心人的加入，红火了这个由海派旗袍文化的热爱者、研究者和支持者所组成的大家庭。

两年多来，大家齐心协力，参与、举办了各类海派旗袍文化的推广活动，尤其是在米兰世博会上的惊艳亮相，让全世界为上海女性的自信、优雅而喝彩。

央视春晚，意义自然更是不同。自1983年有央视春晚以来，它几乎成了农历除夕最大的事件：每家每户的团圆，是那顿热腾腾的年夜饭；而全国人民、全世界华人的团圆，就是那台使人从天南海北聚到一起的充满了欢歌笑语的晚会。

只要是中国人，谁不想出现在央视春晚的舞台上；只要是上海人，不管是土生土长的上海人，还是说着各地方言的新上海人，谁不想在央视春晚的舞台上，展现上海的风采、上海的魅力？

张丽丽太理解姐妹们的心情了，她自己便生于上海长于上海，是这座活力城市的热爱者。

"梦想，一定要实现。但也许要5年吧，看看接下来的5年里，能捕捉到什么机会。"

张丽丽暗自对自己说。

造梦2

2016年11月12日，上海

虽然有期待，但从没想到，幸福会来得这么快。这也印证了一句老话：机遇只垂青于有准备的人。

是的，央视春晚，原想着5年之内都不太有可能登上的舞台，突然间，竟充满了可能性，仿佛就在眼前不远处招手，那就是上海分会场的设立。

其实，自2016年10月下旬开始，我就听说，2017年春节联欢晚会将秉承"东西南北中、全民大联欢"的创作基调，再次携手四个地区作为春晚分会场，与地处北京的中央电视台一号演播大厅主会场作连线直播。

四个分会场，西有四川凉山，南是广西桂林，北为黑龙江哈尔滨，而东，就是我们的上海。

当时，我就暗自想，如果消息确凿，我们海派旗袍文化促进会一定要抓住这个机遇；但因为这个消息迟迟未得到证实，我也不敢贸然展开"行动"。

可是今天，我接到上海广播电视台融媒体中心党委副书记、海派旗袍文化促进会副会长李培红的电话，之后我又打电话向上海广播电视台党委书记滕俊杰求证，最终得到确认：2017年央视春晚，不仅确有上海分会场这一说，而且分会场已经确定放在位于黄浦江畔的东方明珠电视塔下的城市广场；同时，按照央视关于"风格鲜明，各具特色"的要求，上海电视台正在酝酿相关节目内容。

建于1995年的东方明珠电视塔，是上海的地标性建筑，矗立于陆家嘴建筑群中，与外滩的万国建筑博览群隔江相望。对电视塔下的城市广场这个舞台，我们并不陌生。2016年6月6日那天，我们在广场上举行了"精彩都市，因你更美——2016年6·6海派旗袍文化推广日"主题活动，来自宣传、教育、科技、卫生、司法、农业等诸多领域的20支团队，共计240位优秀女性代表，身着旗袍，在全国劳模、海派旗袍文化大使吴尔愉的带领下，展示了优

2017年"6·6海派旗袍文化推广日"仪式上,上海市人大常委会副主任钟燕群,老领导周禹鹏、戴长友、杨定华等为特制纪念封签名留念

2017年"6·6海派旗袍文化推广日"仪式上,致谢春晚旗袍设计师和定制企业

雅的东方礼仪，赢得了全场观众的赞誉，在上海引发了小小的"涟漪"。

也正是在那一天，我们发布了海派旗袍文化形象歌曲和MV《因你更美》。

为了拍摄这部形象片，我们组织了海派文化名人、海派旗袍制作技艺传承人、海派旗袍文化大使、旗袍制作者、爱好者等上千人，参加拍摄的企业和各种社会团队有39家；不仅如此，除了东方明珠电视塔之外，我们还在中华艺术宫（原世博会中国馆）、外滩、豫园等其他12个上海地标取景。那天的活动，也成了上海广播电视台新推出的融媒体看看新闻网24小时滚动新闻栏目的首场直播。

应该说，我们这个团队是吃得起苦、拿得出手、打得了硬仗的，无论是海派旗袍文化促进会的组织能力、保障能力，还是旗袍制作单位的支持力度、旗袍姐妹的参与度，都是靠得住的。央视春晚上海分会场要在东方明珠城市广场举办，偌大的场地，没有上千名演员是出不来效果的。而我们恰恰有组织大型活动的成功经验。

在这样巨大的机遇和同样巨大的挑战面前，海派旗袍文化促进会应该、也必须跨前一步，去争取这个机会，参与到这难得一遇的历史场景中去。

为此，我第一时间向有关领导力陈海派旗袍文化与上海这座城市的关系，阐明海派旗袍是上海经典文化符号的观点，力主这么具有鲜明地方特色的非物质遗产保护项目，应该上央视春晚。

但是，想上央视春晚，谈何容易？

虽然，海派旗袍先后在2015年9月12日上海第26届旅游节开幕式上、在2016年2月5日上海各界人士新春团拜会（俗称上海春晚）上，以压轴表演的方式，有过精彩的展示，可是，想上央视春晚的节目太多了，如何让海派旗袍从中"冒"出来，我还需更积极地去努力。

——张丽丽

就在张丽丽积极争取海派旗袍登上央视春晚舞台的时候，上海广播电视台的党委会议也正在紧张地进行中。

经过激烈和充分地讨论，会议最终决定，由上海广播电视台优秀的青年女导演赵蕾担任这次央视春晚上海分会场的总导演。

2016年"精彩都市，因你更美——6·6海派旗袍文化推广日"暨第五个推广日纪念封首发仪式

接到通知的赵蕾，脸色一紧：央视春晚，这个舞台的分量无需多说，而领导们的心思，无论是自己台里的领导，还是整个上海广播电视台的领导，乃至上海市市委宣传部及市委市政府的领导们的心思，她都很明白——要么不做，要做就要做到最好，这就是上海的追求、上海的城市精神。

压力山大。

但同时，一种自豪感也从赵蕾心底升腾而起。"这么大的一个任务，落到我这个'70后'小女子身上，就冲着领导们的这份信任，怎么能不拼着命儿把晚会做好呢？"

身材娇小的赵蕾，来自青海，真真正正的"女汉子"，尤其是三年部队文工团舞蹈演员的磨砺，让她身上更长出了一份面对挑战永不服输的气概。

20岁那年，她从部队复员来到上海，先入职《新闻晨报》做记者，跑的是既拼脑又拼体力的财经条线；2004年，她转战上海电视台，跑的是文艺条线，一切几乎又是从头再来；接着，她又慢慢转型导演这一角色，最终成长为上海广播电视台一名非常优秀的综艺节目导演。

这一场人生的蜕变之路，既精彩纷呈，又充满困难艰辛，但正是赵蕾在种种困难艰辛面前所表现出来的勇气、智慧、定力和能力，让领导们在选择央视春晚上海分会场总导演人选的时候，目光不约而同地锁定了她。

在央视春晚四个分会场的总导演人选中，赵蕾是唯一一个既是地方台的，又不曾编导过央视春晚的人，而其他三位分会场总导演都是由央视下派的。

导演这样一场晚会的压力和这种压力所激发出的创作动力和欲望，糅杂成一种奇妙、丰富的滋味，但赵蕾已经没有时间细细咂摸这滋味了，她迅速进入了创作状态。

当时，央视给上海分会场的时间是8分钟，而非后来的7分钟。从导演的角度来说，8分钟里安排3个节目是最恰当的。

彼时，开场节目已逐渐在赵蕾脑海中构思成型：

为展现上海的"速度与激情"，将设计一个由杂技和歌曲组合而成的全新节目《梦想之城》，杂技部分选择了上海马戏城10余年长演不衰的《时空之旅》摩托车演出，同名歌曲《梦想之城》则由李玟和林俊杰携手演唱。《时空之旅》本就是上海杂技团的精品节目，在由赵蕾带队的导演组的设想中，这个本已臻于成熟与完美的节目，还将作一些科技上的升级——在球变小、表演时间变短的情况下，表演的摩托车数量却增至8台；而且，届时观众通过电视不仅能看到杂技表演，还能看到经由AR技术结合虚拟前景做出的奇妙视觉效果。

大过年的，有什么比一首祝福的歌更温暖人心的呢？以总导演赵蕾为核心的上海分会场导演组设计的第二个节目是歌曲《爱就一个字》，由来自中国台湾的歌手张信哲、上海籍的歌手平安和韩雪三人联合演绎。

考虑到春节是家的团圆，第三个节目拟邀请上海科学界、文艺界等各界的明星家庭，与300多位来自上海歌舞团、小荧星艺术团，以及广场舞团体的演员们共同放歌一首《家和国兴旺》。

赵蕾的脑袋里像装了个小马达，哒哒哒地不停转动着；导演组的头脑风暴，也是激荡得很，三个节目日益成熟、成型。

但是，赵蕾总觉得还缺少点什么。

到底少了点什么呢？

是的，节目中有对爱的演绎，也展现了上海的活力，但是，上海的风情呢？

虽然来自北方，但赵蕾的职业人生是在上海铺展开来的，她在上海度过的日子，已经超过了她在家乡待的岁月长度。她爱这个城市，爱这个城市的活力，爱早已融入她骨子里的"上海味道"。

是的，今天的上海充满活力，但今天的上海不是凭空而来的，历史的上海造就了今天的上海。而同样充满活力，上海与包括香港在内的国内其他大城市是不同的，也与纽约、巴黎这些国际大都市是不同的。

上海就是上海。

如何用一个最简约的元素，勾勒出一个最上海的上海？赵蕾暗自思忖。

旗袍！

她的眼前一亮。是的，就是它——海派旗袍！

虽然起源于旗人的服饰，但自传入上海之后，旗袍开始了自己独特的发展轨迹。

与一些萧瑟与落寞于博物馆中的传统服饰不同，海派旗袍从过去走到今天，在当下，继续它的美艳不可方物，继续它的魅力绽放。

海派旗袍之美在于它的独特：立领、盘扣和开衩。

立领，含"忠贞"之意，忠于自己，忠于家庭，体现旗袍端庄之美；

盘扣，如一把小锁，锁住东方女性内心的秘密，是低调、含蓄之美；

开衩，是中国式的性感，摇曳之间，展现若隐若现的美。

央视春晚的上海分会场，可不可以加入海派旗袍元素？比如，《爱就一个字》变成歌曲和旗袍秀？看到旗袍，人们最容易联想起的城市，不正是上海吗？

对海派旗袍的"高颜值"表现，对海派旗袍文化促进会高效率的组织能力，赵蕾心中是有底的。米兰世博会，海派旗袍走出国门，这一场惊艳全世界的旗袍秀，导演正是赵蕾。

不仅是赵蕾，上海广播电视台党委书记、艺术总监、2010年上海世博会开闭幕式的总导演滕俊杰，对海派旗袍文化促进会也有着深入的了解，因为，他亦是海派旗袍米兰世博行的支持者与见证者。

而更重要的是，海派旗袍文化促进会那股子做事的精神，那股子敢拼敢想的魄力，不正是上海这座改革开放排头兵城市的最佳代言者吗？

一个让上海女性身着海派旗袍，穿插进歌舞节目的计划，在赵蕾脑海中慢慢浮现出来。

自然，这时也需要和海派旗袍文化促进会会长张丽丽进行初步的沟通了，尽管，一切都还不能确定……

造梦3

2016年11月27日,上海

上海之所以被称为魔都,是因为它独具一种特殊的魅力,而我一直认为,展现这种魅力的其中一个很重要的因子,便是海派旗袍文化。

从20世纪20年代起,海派旗袍在上海发祥、发展至今,向以创新、时尚的特质,展现于世人面前。人们看到旗袍,自然就会联想到上海,而一些流传甚广的文艺作品,比如张爱玲的小说、王家卫的电影,更是加强了这种联想。

走过百年的海派旗袍,简直就是一件穿在城市身上的美丽衣裳:2009年,海派旗袍制作技艺被列入上海市非物质文化遗产保护项目;2011年,海派旗袍的领衔品牌——龙凤旗袍制作技艺,更被列入国家级非遗保护项目。

与此同时,上海的女性又历来以勇立时代的潮头为特性,一贯引发世人的关注。

央视春晚总导演组要求各地方分会场的节目必须具有鲜明的地区特色,那么,身穿海派旗袍的上海优秀女性,无疑是极具上海特色的,是上海经典文化符号与上海现代城市形象的最佳结合,应该予以呈现。

为此,我要积极推介、努力争取这一登上央视春晚舞台的机会。所幸,经过11月18日、23日和今天的连续三次与上海分会场导演组深度的介绍、热烈的讨论和积极的切磋,将梦想变为现实的可能性变得越来越大了。

但是,导演组再三关照,因为决定权在央视、在中宣部,所以目前一切还处于保密阶段,一切还都只是计划,能否最终成型,还有诸多不确定性。

我只能在心里默默期待,期待美梦能成真。

——张丽丽

2016年11月18日晚,张丽丽率领海派旗袍文化促进会的部分主

在东方明珠城
市广场拍摄海
派旗袍形象歌曲
《因你更美》

力——促进会驻会副会长兼秘书长严琦, 副秘书长兼宣传部与项目部部长姜为民, 宣传部与项目部主管王梓诚, 来到上海广播电视台, 与李培红书记、赵蕾导演、王蕾副导演、李韵燕副导演, 第一次坐下来开会研究。

议题只有一个: 如果央视春晚上海分会场真的给了海派旗袍展示的机会, 我们该怎么做? 能怎么做?

从一台大型综艺节目的角度来展示旗袍是比较困难的, 因为存在着

几对矛盾：

　　第一，旗袍的最大特点是优雅，它不像其他服装，可以穿着又唱又跳，可以配以大幅度的动作，而综艺节目，尤其是放在东方明珠城市广场这么大的舞台上的综艺节目，呈现的一定不能是太静态的东西；同时，海派旗袍的魅力之一就在于她的千姿百态，有各式的剪裁，有各种的风格，有坚持传统特质的，有进行时尚改良的，体现了海纳百川的上海文化，春

11月18日晚，SMG导演和促进会洽谈春晚海派旗袍表演工作合影

晚的舞台一定不能规定某种色彩、某种款式的旗袍，如果统一，那就不是海派旗袍了，也就不是上海特色了。但是，如此一来，整个舞台又会显得杂乱无章。因此，如何在相对静态中呈现活泼的精神，如何在风采各异中呈现和谐的美，这是大家碰到的第一个大问题——旗袍的优雅展示得出来吗？

第二，城市广场那么大的场地，不能是普通服装秀的模特走台，而需要一定数量的演员，才能形成足够的气势。这同时也意味着，需要招募大量的普通女性来走台，而不可能集聚到那么大数量的训练有素的模特。而且，普通而又优秀的上海女性来走台，比专业模特走秀更具意义，虽然这意味着排练的难度会非常大。所以，大家必须要回答的第二个问题是——能招募到那么多人吗？

第三，城市广场位于黄浦江畔，立于东方明珠电视塔下，处于周围林立的高楼之间，三九严寒的穿堂风冷峭如刀，大家不得不考虑这第三个问题——身着旗袍的姐妹们，能受得了吗？

第四，一个综艺节目要吸引人，除了普通的上海优秀女性，明星脸还是少不了的。或是上海籍，或是在上海成长起来的各行各业的明星们，本就深受上海市民的喜欢，请她们走上春晚的舞台，才能让节目更具可看性，更有亲切感和凝聚力。但是，年末恰恰是明星们最忙的时候，大家不禁在心底自问——请得到10位明星吗？

讨论持续到当天晚上9点多，直到散会时，对于海派旗袍到底能不能上春晚，这样一台规模和要求的节目到底能不能成型，大家心里其实都还是没有底的。

不仅是张丽丽他们没底，赵蕾他们心里也没底，毕竟，这是央视春晚，是全国人民的春晚，兹事体大，每一年，一轮又一轮，不晓得过程中有多少节目被淘汰，甚至有些节目，一直排练到最后几天，都在"临门一脚"的时候被撤下来。此次上海分会场，也已经有好几个节目构想被"枪毙"了。

主动出击！并且，持续出击！张丽丽的工作风格向来如此。

没过一周，2016年11月23日的中午，张丽丽再次主动上门，来到上海电视台，找上海分会场导演组沟通。因为张丽丽获知，第二天，赵蕾就将代表上海分会场导演组，去北京开会，向央视导演组汇报上海分会场的准备情况。张丽丽希望，能在她走之前，进一步沟通春晚节目中有关海派旗袍的展示部分，以增加整体方案通过的可能性。

在这一次的沟通会上，张丽丽充满自信地向导演组介绍海派旗袍文化促进会：我们曾在东方明珠电视塔下办过活动，当时拍《因你更美》的MV，参加演出的有近300人，参加活动的有1000人，加起来就是1300人。可见，促进会是有操办大型活动的实战经验的。

张丽丽的自信，感染了导演们。但，谁都没权最终拍板。

不过，很快就从北京传回来了好消息。在央视导演组的会议上，赵蕾在规定的5分钟时间里，谈了上海的8分钟三个节目的构想，获得了一致通过。

2016年11月27日，赵蕾从北京飞回来，张丽丽立即率队再去上海广播电视台和导演组开会，进一步细化方案。

梦，似乎触手可及。

第二章 逐梦

在世博会中国馆前拍摄海派旗袍形象歌曲《因你更美》

逐梦1

2016年12月19日，上海

已过子夜时分，但我毫无睡意，因为我正被巨大的欢喜和巨大的压力包围着。

干脆，冲一杯咖啡，再兴奋些吧，可以好好地理一理思路。

今天傍晚，滕俊杰书记召开了一个小范围的重要会议。会上，他告知我们，央视春晚导演组已经进一步明确，海派旗袍可以登上央视春晚上海分会场的舞台；他同时告知我们，考虑到东方明珠城市广场的空间很大，央视春晚导演组也已确定海派旗袍表演团队的人数要求至少为500人，如此规模才能够形成足够的气势。

但是，滕俊杰书记强调，因为央视春晚是向全球直播的综合类文艺节目，所以，海派旗袍表演团的成员，必须要有一定的颜值担当。

最后，我也从滕书记处获知，所有组织、排练、演出所发生的经费，都需要我们自行解决。

现在，细细消化这些信息，我首先想到的是，这一次展示的目标应该是复合型的，应该既是海派旗袍文化的展示，也是上海女性时代风采的展示。所以，在表演团队的结构上，促进会一定要下十分的功夫。仅在会员中动员是不够的，必须多方动员各界优秀女性参与展示。

目标确定了，就该考虑怎么用强有力的组织架构、管理机制，和相应的物质保障来支撑这个目标的实现。我考虑，当下需要马上着手抓两件事：一是充分发挥促进会全体会长的作用，要根据各位会长的资源优势和专长爱好，按旗袍定制、文艺演出、综合保障这三条线来进行分工；二是要充分发挥促进会秘书处的基础管理作用，要从实际运作、具体协调方面入手，抓好分工落实。

当下最难的是经费的筹集。好在上海广播电视台已表态，会解决排练期间所有人员的盒饭供应问题，但是，服装定制、演员化妆、交通等方面的费用，仍然需要自行解决。

但是时间不等人啊，我们需要尽快启动央视春晚海派旗袍表演这个项目，同时要继续弘扬奉献精神来解决经费方面的问题。

我预感到，这将是一场大战役，将是海派旗袍文化促进会自成立以来所面临的最大的考验。

一项真正光荣而艰巨的任务。

——张丽丽

一场大战开始了。

来不及细品幸福的滋味，"我们便开始疯狂地工作。"促进会驻会副会长、秘书长严琦说。

从2016年12月19日晚上得到确切消息开始，到20日晚上张丽丽会长主持召开促进会秘书处全体工作人员会议，在这24小时内，形成了10张工

2016年"精彩都市，因你更美——6·6海派旗袍文化推广日"活动

作图表。

其中，最重要的一张图表是促进会会长的分工图：

张丽丽自己担任总指挥，促进会相关副会长分工负责有关工作：

负责演出旗袍定制工作的副会长有"瀚艺HANART"艺术总监周珠光，上海"秦艺"服饰有限公司董事长李建秦，上海"龙凤"中式服装有限公司总经理陈月琴，"蔓楼兰"旗袍品牌总经理陈黎，"金枝玉叶"旗袍品牌创始人谭燕萍（叶子）。

负责央视春晚海派旗袍表演团演出工作的副会长有新东苑国际投资集团有限公司董事长沈慧琴，上海影视有限公司副董事长、执行董事、上海荣耀置业有限公司董事长饶清，长宁区妇联主席王秀红，嘉定区妇联主席张丽萍，上海申威资产评估有限公司董事长马丽华，香港划云集团董事长朱盈，上海江山建设工程有限公司董事长江妙敏，上海君兰酒店管理有限公司总经理张桂平。

2017年"文明修身，因你更美——6·6海派旗袍文化推广日"活动上首发第五个推广日纪念封，上海市人大常委会副主任钟燕群，老领导周禹鹏、戴长友、杨定华等为特制纪念封签名留念

央视春晚上海分会场总导演赵蕾和张丽丽会长在东方明珠排练现场

深夜、赵蕾导演（左三）、上海歌舞团朱继承导演（左二）等在排练现场

会长合影

负责整个项目实施过程中的宣传工作的副会长有上海广播电视台融媒体中心党委副书记李培红,上海市妇联宣传与网络工作部部长陈建军。

负责项目运行中的综合协调工作的副会长有上海市妇联挂职副主席、上海市尚伟律师事务所主任黄绮,上海市妇女儿童服务指导中心(巾帼园)主任周珏珉,上海女企业家协会会长董剑珍,上海海派旗袍文化促进会驻会副会长兼秘书长严琦。

负责筹集项目经费工作的副会长有上海新丽装饰公司总经理陈丽,上海新世界股份有限公司总经理徐家平。

第二张重要图表,是指挥部的组织架构图。

为保证央视春晚海派旗袍表演项目的顺利实施,在张丽丽的主持下,成立了项目指挥部,由曾在东方航空公司工作35年、著名服务品牌"凌燕"创始人之一的严琦担任总协调,负责三个组的协调工作。

指挥部下设三个工作组:

项目组由促进会专职工作人员中唯一的男生王梓诚负责,这是专业学习服装设计、入会工作两年多的"90后"大男生的第一次"担纲首演"。

宣传组由促进会专职工作人员中曾有媒体从业经验的姜为民负责,带领文字、摄影、摄像"记者",全程跟踪记录排练、演出过程中的点点滴滴。

保障组由促进会专职工作人员中的老大姐黄美华负责,新进促进会的"90后"女孩陈慧既是黄美华的助手,本身也是央视春晚海派旗袍表演团中的一员。

同时组织了一批志愿者,担任三个组的联络员。

第三张重要图表,是旗袍定制企业名单及定制工作推进表。

第四张重要图表,是根据央视春晚上海分会场导演的要求而列出的排练时间表。

……

梦,开始于天平路245号5楼上海海派旗袍文化促进会那间仅20平方米的办公室。

逐梦2

2016年12月25日，上海

从2016年12月19日以来，我的脑子里天天盘桓着的一件事情就是：招募央视春晚海派旗袍表演团成员。

根据央视春晚的总体要求和滕俊杰书记的具体要求，指挥部拟定了500人表演团的团员招募条件：年龄45周岁以下、身高162厘米以上，形象好、气质佳的优秀职业女性。

招募分会内、会外两条线同时进行。

经上海市妇联徐枫主席的认可、翁文磊副主席的具体支持，我直接与有关大口、集团、各区妇联的主要领导和分管领导联系，请他们有组织地发动和推荐姐妹们的参与。整整6天，我一直在打电话，大概打了多少个，自己早已算不清了，随着手机变得呼呼烫，我的嗓子也开始冒火，到最后，声音完全嘶哑了。还好有陈慧，我前头开拓，她后期跟进，现在的年轻人，真是靠谱！

可喜的是，我们最终得到了28家单位的大力支持。他们共为我们输送了300多位优秀女性代表，来参加央视春晚海派旗袍表演团。

其中尤其让我感动的是东航集团、锦江集团和衡山集团。这三家集团的工作有个共同特征，那就是，每到年底，都是他们最忙的时候，人手出奇地紧张。但是，在东航集团副总裁顾佳丹，锦江集团董事长俞敏亮、副董事长邵晓明，和衡山集团总裁陆洋、党委副书记杜松杨的亲自过问下，这三家单位都毅然决然地抽调最出挑的年轻人给我们。

针对海派旗袍文化促进会会员的演员募集工作，同时也在有条不紊地推进中。今天安排了对先前报名的促进会会员进行面试，面试放在促进会2017年迎新联谊会结束之后。

联谊会的日子是早就定下来的，筹备一届联谊会很不容易，700多名会员需要一一通知到位，能容纳700多人的会场也不好找，感谢理事单位绍兴饭店帮我们解决了场地问题。

这次筹备工作又特别辛苦，因为叠加了央视春晚海派旗袍表演团的演员招募工作。报名通知发下去以后，会员们踊跃报名，但因为有条件限制，自觉符合条件而来报名的只有200多人。今天面试之后，估计留下来的人数还要打个对折。

要招募一支500人的高标准的海派旗袍表演团队，谈何容易，必须两条腿走路，还必须坚持多走几回。除了等下联谊会上再发动一下，我还得梳理下，看看漏掉了什么单位，看看还有什么潜力可挖……

想想，再想想……

棘手的事情可不止表演团招募演员这一项，还有500多人的演出旗袍的定制。平时定制一件旗袍，起码一个月，眼下逼近年关，估计各企业的工人师傅都在准备回家了，得赶紧召开旗袍定制企业的动员大会，留住工人……

明星和留学生穿的旗袍更需精心设计，找谁呢……

说到明星，又是一件棘手的事。我们要找就要找名气大、人气旺、大家喜爱的明星，可名气大、人气旺、大家喜爱的明星，都是各剧种、各剧团的顶梁柱，越是年关越是忙啊，怎么办？让我想想，再想想……

——张丽丽

海派旗袍文化促进会的迎新联谊会一开完，面试就开始了。10人一排上来走台步，张丽丽会长和各位副会长一同面试把关。果然如张丽丽所料，通过率约为50%。

经过第二轮动员报名后，2016年12月27日，严琦副会长带领秘书处团队又对第二批报名的会员进行了面试；同一天，召开17家旗袍定制单位的动员会，其中9家是促进会的会员单位，8家是非会员单位，都是热心的姐妹们介绍来的、口碑好的企业。

500件央视春晚海派旗袍表演团普通团员穿的旗袍，共分5种颜色，分别为大红、玫红、翠绿、宝蓝和帝黄。

除了面料要求稍厚些，设计要求为衣长款、袖7分外，其他不作要求，如此，可在相对统一的色调中，保持旗袍款式的多样性。

17家旗袍定制企业分成5个小组，对应5种颜色。

12月25日在迎新联谊会后选拔旗袍姐妹

500名普通团员，也分成5个团，依次为A、B、C、D、E团，对应5种颜色；10位明星团员和10位留学生团员，组成了F团；

从A至E团，每个团100人，又分成5个支队，如此，共有25个支队。

另外，明星组成一个支队，留学生组成一个支队，后期又有台胞姐妹的加入，她们组成了最后一个28支队。

继续招募，继续面试……

逐梦3

2016年12月26日，上海

今天到家已经10点多了，这些天每天都是这样。

一到家就给好朋友徐家华老师打了个电话，没想到，聊完放下电话已经是凌晨1点多了，这篇日记实在应该算是27日了。

虽然累，但是电话里家华老师能答应我的请求，让我一颗悬着的心放下了。同时，又深受感动，家华老师近期身体欠佳，一直在接受治疗，其实她最需要的是休息，而我却把一副重担交给了她，我的心里充满了内疚。

说起家华老师，她有着很多头衔——上海戏剧学院服装化妆教研室主任、文化部形象设计专家委员会委员、上海市形象设计专家组组长，享受国务院政府特殊津贴；曾担任APEC会议大型文艺演出人物造型艺术总监……不过，最受人瞩目的要数北京奥运会开幕式化妆造型总设计师这个头衔。这是家华老师从事人物造型事业以来，最有挑战性的一次任务，这次挑战亦成全了她个人事业的顶峰。

请谁来设计10位明星和10位留学生的旗袍，是自接下央视春晚这项任务以来，我一直在思考的问题。想来想去，家华老师是最合适的，当年她回答张艺谋的一句话，也正说到了我的心坎上。当时张艺谋问她："对奥运会开幕式化妆造型，你的设计理念是什么？"徐家华回答得很干脆："东方之美。"

就是这"东方之美"四个字，让张艺谋在见到徐家华仅20分钟后，就拍板任命她为北京奥运开幕式化妆造型总设计师。她的表现，不仅没让张艺谋失望，更是给了他大大的惊喜。第二年，即2009年，张艺谋再度邀请徐家华出任鸟巢版歌剧《图兰朵》的化妆造型总设计师。

但是，我了解家华老师，她在工作上是一个有"洁癖"的人，是一个极度追求精益求精的人，她曾跟我说过，一切赶出来的东西，都不会是精品，都会是粗糙的。现在，能给她的时间不过数天，她愿意冒着砸自己招牌的风险，在这么短的时间内赶出央视春晚明星旗袍和留学生旗袍的设计稿吗？

我心里没底，但我对家华老师又是有信心的。当年她刚做完奥运会，媒体蜂拥而至，问她接下来想做什么时，她就曾深情地回答："我想为上海做点事。"果然，她为2010年上海世博会提升了"颜值"。

正是了解到家华老师有为家乡出力的情结，我盯着她不放了。我打通她的电话之后说的的第一句话就是："家华老师，这次请您帮忙，是为了上海的一件大事，我们要在全世界面前展示海派旗袍的美，展示上海的形象，期待您能帮我们把这件事做圆满。"

这招果然奏效！

——张丽丽

和张丽丽通完电话，徐家华一看手表，竟然已经是凌晨1点多了。今夜注定无眠了。

正如张丽丽所了解的那样，徐家华从来不喜欢做赶的事，但张丽丽的一句"为了上海"，让她义无反顾地应下了这个急活。说到底，张丽丽年过六十，为了推广海派旗袍文化而不辞辛劳、东奔西走，不也就是为了上海吗？

生在上海，长在上海，一辈子工作在上海，徐家华对上海，爱到了骨子里。徐家华和张丽丽，这两个都是爱上海爱到骨子里的女子，携手同行，还有什么困难不能克服呢？

徐家华最爱上海人的精致。奥运会那年，她大部分时间都住在北京，每次外出，都把自己收拾得干干净净的。其实并没有穿多贵的衣服，画多浓的妆，但每个见到她的人都会说：哇，徐老师好精致。"精致"两字的评价，让徐家华的心里有小小的得意。

这份精致，这种追求精益求精的精神，不仅表现在穿衣打扮上，更重要的是表现在上海人的工作态度上。

张艺谋是个对工作要求非常高的人。在为奥运会工作的那段日子里，张艺谋每到一个部门查看工作，总有诸多不满意，只有到徐家华团队来，看到徐家华拿出来的图稿，他脸上总是乐开花的。当然，也多了份选择的痛苦。因为，他要求徐家华提供一份设计稿，徐家华每次必拿出10份设计稿，且每份设计稿都是精彩之作，让老谋子无法取舍。

　　后来，在做《图兰朵》时，徐家华也是这样的工作方法。张艺谋要一个飞天的造型，结果，徐家华一口气拿出了23种。当张艺谋苦恼着不晓得应该选哪个时，有人提醒他——谁说飞天只能有一种造型？一句话点醒梦中人，张艺谋把23张设计稿全要了下来。

　　除了主动多出设计方案，徐家华还有一个特别的工作习惯，让张艺谋哭笑不得，那就是，每次张艺谋选好设计稿，徐家华都要求他在稿纸上"签字画押"。第一次时，张艺谋嘟囔着说："我签字有什么用，还不知道东西出来会是什么样子。"徐家华在一旁认真地回答："你选好了只管签字，我保证做出来的东西和图纸一模一样，甚至比图纸还要好看。"等看到成品时，张艺谋不得不佩服眼前站着的这个个子小小的上海女人，他给了徐家华两个字评价——靠谱。

　　一板一眼，中规中矩，精益求精，不断挑战极限，这就是上海人的时代精神。

　　上海这个城市是很养人的，在这个城市里待久了，自然会在举手投足之间，带出这个城市的特质。而这种特质，就是外人眼里看来的"上海腔调"——一种骨子里流露出来的，既谦和又自信的态度。

　　是的，自信。海派旗袍代表着上海，穿海派旗袍的上海女人，不自信是穿不出这股上海腔调的。

　　但海派旗袍又是含蓄的，在若隐若现中，展现无边的性感；这也正如上海女性的风采，工作是麻利的，生活是优雅的。

　　徐家华自己不太穿旗袍，但她对海派旗袍不仅喜欢，更有着从学者角度出发的激赏，而她对海派旗袍最欣赏的一点便是：它是活态的，是有生命力的，是和城市精神相契合的，是今天依然可以摇曳在街头的。

　　为什么别的传统服装到了今天，只能出现在舞台上，而海派旗袍依然可以融入生活？从专业的角度，徐家华是这样分析的：

　　上海是最容易接受外来文化的，尤其是西方文化；在接收的过程中，上海不是有了新的就扔掉旧的，上海是新旧都要，融合新旧，杂糅成属于自己的东西；海派旗袍看起来一直在变，但上海人内心追求的优雅是不变的，而在初心不变的前提下，上海人又是天天在变的，所以，海派旗袍才不会落伍。

10款留学生旗袍

出于对海派旗袍的爱，海派旗袍文化促进会在推广海派旗袍文化方面所作的努力，深深感动着徐家华。如今，既然已经答应了张丽丽，就一定要做好。徐家华在心里暗暗许下了这个承诺。

睡不着就索性不睡了，徐家华重新起床，在房间里兜起了圈子，开始构思。

……

2017年12月28日，张丽丽、赵蕾来到徐家华的工作室，进行面对面的沟通。整整一个晚上，她们一边啃着干面包，一边头脑风暴。

时钟走过了12点，张丽丽和赵蕾告辞回去了，徐家华则再次迎来了一个不眠之夜。想着想着，她脑中的图像越来越清晰了：

首先是颜色。

张丽丽告诉她，将有500位旗袍姐妹，分别穿5种颜色的旗袍，有大红、玫红、翠绿、宝蓝和帝黄，10位明星和10位留学生就不能重复使用这5种颜色了。实际上，等于这500位姐妹把最适合旗袍的、最漂亮的5种颜色都用了，那么，明星和留学生靠什么颜色出彩呢？

徐家华想啊想，突然想到，既然无色可用，何不就用没有颜色来压倒所有颜色？在服饰上，所谓的没有颜色，即指黑色和白色。黑色显然不合适，那就只有选择白色了。

想到这里，徐家华微微皱了皱眉头，她很清楚，选择白色是很冒险的，因为白色太挑身材了，稍稍有点胖，甚至其实并不胖的人，穿了白衣服也会显胖，而海派旗袍又是最显身材的。但是，不冒险也就没有了出彩的可能性；

其次是款式。

海派旗袍要穿得美，面料当然薄些好，短袖或无袖最性感，又开得高些，下摆细细地收起来，那是最漂亮的。但是，徐家华不想为了自己的设计出彩，而不顾及演员的状态。前阵子，徐家华刚在美国纽约，为参加感恩节花车大游行的四川省，设计了花车上演员的服装。11月的纽约已经非常冷了，徐家华在设计服装时，既运用了许多四川的元素，又充分考虑到了天气的因素，让演员们穿得相对比较保暖。演员们非常感激徐家华的设计，中国驻纽约总领事章启月也对徐家华说："这衣服设计得太好了，演员们不遭

11款明星旗袍

11位明星身着徐
家华教授设计的
春晚旗袍

罪,不像前几年,衣服很单薄,演员们冻得不行,在身上裹保鲜膜。"

这件事给了徐家华很深的触动,她更加意识到,演员要有好的状态,服装是可以、也是必须给予帮助的。

但是,海派旗袍毕竟不能做成棉袄的样子,优雅、好看还是最重要的,为此,徐家华决定将旗袍设计成长袖、长款,并在领子、袖口加皮草,这样既有节日气氛,又能保暖。最大的改良在于旗袍的下摆,为了能让演员在旗袍里面加穿保暖内衣,徐家华将旗袍传统的窄下摆,改得稍稍带有A字型,并在开叉处加装纱质的褶皱。这样做,演员的保暖内衣不容易走光,而且,A字型下摆对各种身材是最有包容性的。

基本的款式和颜色有了,徐家华开始考虑如何让衣服出彩。想到这个春晚迎接的是鸡年,而在中国传统文化中,锦鸡被视为小凤凰,那么央视春晚表演用的旗袍以凤凰为主图案是最合适不过的。但是徐家华不想让10只凤凰在10件旗袍上是雷同的、呆板的,她先在脑海中反复描摹着,又索性坐下来,拿起笔来开始在纸上画:这只凤凰要从左侧腰部开始,斜斜向上,"飞"到右边肩头;那只凤凰的重点在尾部,要有瞬间爆发出来的美感……各种造型的凤凰,以不同的姿态,飞落10件旗袍不同的部位。但每一件旗袍,都能做到,无论从哪个角度看,都能看得到这只凤凰。

此外,站在明星身后的留学生,如何使其和明星之间产生互动?徐家华想到,可以在用色上让两者发生呼应,如果前面明星身上旗袍的凤凰是黄色的,那么站在这位明星背后的留学生可穿同样黄色的旗袍,当然,为使构图不杂乱,留学生的旗袍应为简洁款……

站起来,走几步,有灵感了,又坐下来画几笔,然后又站起来走走,徐家华就这样迎来了2017年12月27日清晨的第一缕阳光……

稍微梳洗了一下,徐家华就赶去学校里自己的工作室,见到自己带的博士生邵旻,她跟她说的第一句话就是:"今晚你别睡觉了。"

这天晚上,一个通宵,徐家华和邵旻在电脑上试了很多种颜色。以白色为底,旗袍上的凤凰可以是红色的、蓝色的、黄色的……而说是红色,其实可分很多种不同的红,到底用哪一种红色效果才最好?这就需要在电脑上一个个地试,工作量是巨大的……但徐家华就是这么个不肯将就一点点的人。

《紫竹调·家的味道》明星个人照片

　　2016年12月30日，旧的一年的最后一天、新的一年开始的前一天，徐家华约了张丽丽、赵蕾等人，大家又一次在徐家华的工作室集合，紧张等待着徐家华揭晓"谜底"。

　　和往常一样，这一次，虽然要求的是10款，徐家华又"超额"提供了11款。

　　当电脑上跳出第1张设计图时，大家不约而同地"噢"了一声，那声音里有惊喜、有感动，而当第2张、第3张设计稿一一翻过，直到最后第11张时，所有人把后背放松地靠在椅子上，每个人的神情都放松下来了。

　　徐家华为10位明星设计的11款海派旗袍式样，获得大家的一致通过。之后，设计稿发去北京央视送审，再次获得一致通过。

　　巧的是，后来在录制东方卫视元宵节晚会上的歌曲和旗袍秀《月圆花好》时，上海市文化广播影视管理局的领导提出，不能少了越剧明星。对此，越剧院副院长、红楼艺术总监钱惠丽很支持，把自己的得意弟子杨婷娜派了过来，这款备用旗袍正好派上了用场。

　　事后，张丽丽和徐家华开玩笑说："您真是神算子啊！"

12月28日晚上，张丽丽会长、严琦副会长和SMG赵蕾导演等一行来到上海戏剧学院徐家华工作室，商量旗袍设计方案

逐梦4

2016年12月27日，上海

平时，定制一件海派旗袍，需要一个多月的时间，这次，我扳着手指头算了好几回，满打满算，也只有不到10天的时间。

在不到10天的时间里，要做出520件精致的海派旗袍，这简直是项不可能完成的任务。在今天由央视春晚海派旗袍表演团保障组牵头的旗袍定制企业会议上，当我一做完动员报告，我看到每家来开会的企业代表的脸上都露出了难色。是啊，一边是时间紧、任务重，制作要求又那么高，一边是临近年关，工人师傅都要准备回家了……一张张脸看过去，我心里很害怕他们说出"不行"两个字。

但让我振奋的是，这些企业给我的都是肯定的答复。

这17家企业中，有9家是我们促进会的会员单位，对他们的质量、信誉，我都心中有底，另外8家是近日从旗袍姐妹们常去定制的几家企业中挑选出来的口碑较好的企业，虽然大家是新朋友，但他们没有说什么豪言壮语，除了跟我说一个"好"字，就开始热烈地讨论起细节问题了：要求的红是什么红、绿是什么绿，面料大致定为哪几种，数量如何分配，怎么组织姐妹们来量尺寸可以做到最高效……

看着这一张张认真讨论的脸，我的信心更足了：央视春晚海派旗袍表演这个项目，不是海派旗袍文化促进会一家在奋斗，从市妇联到各区县妇联到各大企业集团，从旗袍定制企业到每一位报名参与的旗袍姐妹，都在与我们携手奋斗，都在朝着为上海争光这同一个目标而奋进。

有大家的支持，何愁活动办不成功？

——张丽丽

2016年12月27日的旗袍定制企业动员大会一结束，17家企业纷纷行动起来，每一家企业，都是企业一把手在亲自抓进度、抓落实。

这些企业采取的首要行动都是：赶紧把最棒的师傅、最熟练的工人留下，先别回家；同时赶紧去采购相应的面料。

从2016年12月30日至2017年1月1日，已被确定入选参加表演的姐妹们开始分赴各家旗袍定制企业量尺寸。这是一场与时间的激烈竞赛。央视春晚海派旗袍表演团宣传组的两位摄影老师，用镜头，记录了这场竞赛。

镜头1

秦艺

秦,回溯诸子先贤、中华文化之发轫,大气而雍容;艺,传承精雕细琢之匠心精神,打磨手工技艺之美。

"秦艺"两字的组合,既有对历史的悠远回眸,又有对当下的聚精会神,将之作为自己的中式服装高级定制品牌,可见企业创始人李建秦的心有多大,梦想有多远。

2001年10月21日,亚太经合组织(APEC)第九次领导人非正式会议在中国上海举行,"秦艺"在众多竞争对手中脱颖而出,成为领导人服装设计、制作的唯一服装生产企业;2001—2010年,"秦艺"连获上海国际服装文化节"上海消费者最喜爱的中外品牌服装金奖"等各种荣誉;2011年之后,"秦艺"日益"国际范儿",一场场时尚发布,场面堪比国际大牌,由此亦可见"秦艺"这个品牌的场面做得有多大。

但是,在央视春晚海派旗袍表演这个项目上,"秦艺"创始人李建秦的定位很清楚:"秦艺"就是整个项目中的一个环,绝不能想着自己出风头;但绝对要把事办好,关键时刻,绝对不能掉链子。

定位正确,就不会计较品牌会不会从中得到呈现。

事实上,17个旗袍定制品牌,在央视春晚的舞台上是没法作为个体一一得到展示的,但包括"秦艺"在内,每个品牌想的都是,在台上,大家是一起在代言海派旗袍的最高工艺水准。此时此刻,具体某个品牌已经不重要了,重要的是大家共同托举,把海派旗袍这个大品牌靓丽地推上央视春晚的舞台;

定位正确,就不会计较企业能不能从中得到利益。

于是,考虑到姐妹们也都是为了上海的荣誉而自掏腰包、自费制作旗袍上春晚的,李建秦决定,原本四五千元的旗袍,一律倒贴成本,按2000元计价;明星所穿旗袍,是近万元的高级定制,但秦艺(包括其他各家企业)都没有想过要收取费用;不仅如此,每到年底,"秦艺"接的最多的订单是定制高级结婚礼服，这是公司利润最丰厚的业务，但李建秦通知业务部门，这个春节，不接新订单了。

这就是一个立足上海、从上海出发，走向了国际舞台的优秀品牌的大局观。

没有计较，只有投入地实干。

针对促进会分配的42件大红旗袍的任务，李建秦制定了三个应对方案。

一是让姐妹们直接来店里挑选现成的旗袍，"秦艺"的大红旗袍有很多款式和尺寸，挑选余地还是蛮大的；

二是由"秦艺"提供设计图纸，由姐妹们选；

三是在"秦艺"现有的款式中挑出一个款式，再略作调整。

最后，综合旗袍姐妹们的意见，选择了第三种方案：

A1支队年龄相对偏大，便定了店里原有的"华丽金凤凰"款，只是把这款短旗袍做成了长旗袍；

A3支队是来自东方航空公司的乘务员旗袍表演队，队员们都比较年轻，身材也高挑，便定了"一枝独秀"款，款式较之"华丽金凤凰"更时尚、活泼些。

选定款式，后续的工作就好做多了。

在这么短的时间里，要让每个人穿着合身，最辛苦的就是量身师傅，他必须对每个人从头负责到底，而不像有些工序，可以适当分工，使衣服不停工，但工人可以轮休。

不愧是见惯大世面的，应对大活动、大场合，"秦艺"有着丰富的经验。比如，一开始大家总希望旗袍做得紧身些，这样穿起来好看，但后来考虑到天气实在太冷了，必须在旗袍里面加穿保暖内衣才行，这样一来，旗袍就需要做得宽松一些。而"秦艺"已经提前考虑到了姐妹们可能会有这样的要求，而在裁剪时，将通常只需留1厘米的边，这次统统预留了2厘米。针对姐妹们的要求变化，"秦艺"从容应对。

像这样的预案还包括，"秦艺"考虑到万一发生换演员的情况怎么办，于是，就按两种款式大中小三个尺码，各多做了一件，好在最后A1支队和A3支队都没有发生换人的情况。

秦艺旗袍

因为在外省市巡演，著名沪剧表演艺术家华雯是在总彩排开始的前一周才来量尺寸的，而"秦艺"原先按照从其他渠道得到的她的尺寸制作的旗袍，华雯根本穿不下。

没有时间抱怨，"秦艺"赶紧重新为华雯量身定制。

就在火急火燎的时候，还碰到了一个困难。

根据徐家华的设计，明星所穿旗袍要在领边与袖口拼8~10厘米宽的皮草。李建秦面临着三种选择：可用兔毛、狐狸毛或貂毛。为了让旗袍呈现更华贵的效果，李建秦不计成本，决定使用貂毛。因为貂毛的每一根毛是有毛泽的，长短不一，是活的。

但是，这么短的时间里，又是年关，要采购到优质的貂毛，是很难的。找遍全上海，最后还是只找到了窄条貂毛。怎么办？李建秦到底是老设计师，大风大浪见得多了，她让工人们把窄的貂毛条一条条拼起来，然后在拼缝的地方，贴上施华洛世奇的钻。为了有呼应，又在滚边上贴了两条钻。这样既解决了问题，又让旗袍在舞台上更闪亮了。

一个好的品牌，是懂得如何看人裁衣的。徐家华的设计是要照顾到10位明星中的每一个人，所以没法根据每个人的特点去自由发挥，但李建秦在制作中发现，相对于华雯强大的气场来说，旗袍显得轻了。于是，李建秦在旗袍的长摆下面加上了海浪的设计。旗袍呈现的最终效果，得到了徐家华的肯定。

紧赶慢赶，"秦艺"制衣车间的灯，每天亮到后半夜，连着亮了整整一星期。2017年1月11日那天，姐妹们第一天正式排练，李建秦带着新鲜出炉的旗袍，一路飞车送到现场。

一穿，每个人的旗袍都非常合身，没有一个人需要改动，大家不禁对"秦艺"的制作技艺纷纷翘起了大拇指。

不仅如此，"秦艺"真是把旗袍当成艺术品在做。

"一枝独秀"款是"秦艺"的设计，旗袍做好后，大家都说很漂亮了，但李建秦自己总觉得还差了那么一点点。仔细琢磨后她发现，从艺术构图来说，凤凰的位置偏下了些，显得上身轻了些。她灵机一动，在下摆凤凰对侧的肩上，加缝一朵立体的绣花。花是预先在工厂里绣好的，绣好后带到排练现场，由"秦艺"派出的最优秀的手工缝制师傅，为旗袍姐妹们一一缝上去，如此缝了三四天。

除了为春晚加班加点赶制旗袍，看到海派旗袍文化促进会人手不够，李建秦还把自己的儿子李阳派去做志愿者，之后又派出了设计助理周晓娟。她对儿子和晓娟只有一句话关照：促进会的老师们让你们做什么就做什么，搬东西、跑腿，什么都要去做，总之，一切行动听指挥。

在2017年1月12日、13日、14日、15日的深夜，兼任海派旗袍文化促进会副会长的李建秦，又特意连续几日赶到排练现场，慰问在现场指挥的促进会工作人员，更为明星、留学生和旗袍姐妹们送去暖宝宝、水果、夜宵等物品。

"央视春晚是个大活动，但大活动是要靠每一个具体的人去实现的；台上每位旗袍姐妹的风采，要靠身上的旗袍来体现，我们把旗袍做好，就是在传递'秦艺'的品牌精神，就是在弘扬海派旗袍文化。"

这就是李建秦的"品牌观"。

镜头2

瀚艺

当沈昳丽站上台时，台下一片喝彩声，一为这位年轻的昆曲表演艺术家的风采，二为她身上的那件白底粉色凤凰旗袍。

这件旗袍是"瀚艺"的作品。

首先是面料的特别。人们通常以为，旗袍只有夏天才能穿，其实，在海派旗袍近百年的发展历史中，它是上海大多数女性一年四季的服饰，是可以用厚薄不同的面料来做的，也是可以搭配大衣、毛衣、西装等不同服饰来穿的。比如冬天用丝绵做，外面可套大衣；春秋天的旗袍，是有夹里的；夏天则用棉和真丝做成单的。

这次"瀚艺"为沈昳丽和上海航天局研究员、全国"三八红旗手"王真制作的央视春晚表演用旗袍，就采用了密度极高而厚度极薄的羊绒面料，代替以前常用的丝绵。这一点，在之后的排练和演出中，让沈昳丽和王真对"瀚艺"甚为感激：天寒地冻的时候，才能最深切地体会到，选对面料是多么的重要。

在10位明星中，沈昳丽是最年轻的，所表演的昆曲又是非常柔美的剧种，所以在分配颜色时，把粉凤凰给了她。但是，如果粉凤凰采用传统绣法，可能就会变得保守而没有新意了，于是，"瀚艺"改手绣为手绘，且采用的是大写意笔法，再贴上粉色施华洛世奇的水钻，整件旗袍就显得年轻时尚了。

对于手绘的效果，"瀚艺"心里是有谱的。因为在2015年，"瀚艺"曾在外滩22号做过一场"水墨中国"海派旗袍秀，在黑白色的旗袍上，用手绘的方式进行创作，当时在时尚界引起了很大的轰动。

海派旗袍之所以能流行到今天，就是因为它的身上映射着每个时代的审美，在守住传统工艺的基础上，每个时代都要有所创新，才能让海派旗袍一直鲜活下去。

在徐家华的设计中，裙摆右侧高开衩的地方，要加纱或蕾丝，这么处理的目的是保暖与避免走光。其实，"瀚艺"有很多明星客户，他们为这些明星客户制作旗袍一直就是这么处理的，尽管把纱折成细边，再一根一根烫出来是非常费时费力的，一天只能烫出一小段来。

时间紧迫是每家旗袍定制企业都面临的问题，"瀚艺"也不例外。尤其是王真，直到2017年1月8日上午9点30分，她才有时间来"瀚艺"试样，而1月11日下午5点，就是10位明星第一次着装排练的时间。为了抢时间，"瀚艺"派出公司最好的6位师傅，将工序分解开来，以人可以换班、制作不可以停下来的方式，连续加班做。

赶这两件明星旗袍时，"瀚艺"艺术总监、上海服饰学会副会长、上海海派旗袍文化促进会副会长周朱光，与身为"瀚艺"首席设计师的太太张琛正好在法国开会，于是他俩白天开会，晚上通过视频与工厂连线，进行技术指导和进度监控。

旗袍是在排练开始前的最后1分钟，由"瀚艺"公司派人飞送排练现场的，沈昳丽和王真一试之下，处处合身，不需要作一点点的修改。

"瀚艺"能漂亮打赢这一仗，与周朱光一贯在公司倡导工匠精神是分不开的。

1963年出生的他，自认是承上启下的一代——"前半段老活法，后半段新活法"。因为具备这种承上启下的能力，他在1995年创立的"瀚艺"品牌，吸引了许多在旗袍高级定制领域做过"大戏"的老师傅。比如"瀚艺"的镇店之宝、98岁的褚宏生，客户名单从宋氏三姐妹到黑白片影后胡蝶，从刘少奇夫人王光美到歌后韩菁清、名模杜鹃，不一而足；比如徐世楷夫妇，不仅早年曾为中国戏剧界四大名旦——梅兰芳、荀慧生、程砚秋和尚小云制作戏服，更在10年前挑战中国服饰工艺最高峰，在整个"瀚艺"团队的通力协作下，成功复制多款康熙、乾隆龙袍，及皇后凤袍……

学3年、帮3年，不到6年，别想学成出师；做学徒，从缝纫、盘扣到量体、打样，十八般武艺要规规矩矩地学……和老前辈处久了，前辈们的这些口头禅深深地烙在了周朱光的脑子里。他有着执着的"上海裁缝"情结，认为"裁"与"缝"，就是"时装设计"形象的动态表述，而"时装设计"实质就是"裁"与"缝"的动态过程。随着人们物质生活水平的提升，裁缝的内涵悄然变化，匠意变成了匠艺，裁与缝更具有了设计艺术的高

瀚艺旗袍

度。但贯穿其中的工匠精神，不仅不因时代的变迁而褪色，反而在像周朱光这样的"承上启下"分子的坚持下，熠熠生辉。作为一个海派旗袍制作技艺的传承、研究与发展的推动者，他还在2010年8月，策划、组织、编辑和发行了《上海裁缝》一书，获得了业内专家的充分肯定和高度评价。

直至今日，"瀚艺"公司的总部，依然是创立时所在的市中心一处安静所在。车间外面的会客室和展厅，有泛黄的老照片，有古旧的瓷，有当下最难得的安静与淡泊。

镜头3

蔓楼兰

在"蔓楼兰",一件旗袍要做45天,这还是在有现成面料的情况下。

当然,这指的是"蔓楼兰"的高级定制。而在成衣这一块,"蔓楼兰"可说是全国旗袍制作企业中,采用科技手段最多、最为现代化的,因此,"蔓楼兰"的产能是最高的。

比如,做一件旗袍,要测人体36个数据,这是传统;可是,在大数据时代,"蔓楼兰"打破了这个传统——不是少测了数据,而是测得更多。"蔓楼兰"采用的是电脑量衣:人到店里,一扫描,浑身上下所有的数据,瞬间存入电脑。

不仅如此,"蔓楼兰"还在与国外一家高科技公司共同研发可穿戴设备。这套看似紧身衣的设备,客人只要穿一下,所有的数据立刻出来,精确度比现在的立体扫描还要高。

有了大数据,"蔓楼兰"建起了数据库,通过专业分析,开发标准化版型。人家只有大中小三个码,"蔓楼兰"每一款旗袍足足有10个码。

因为有这样坚实的技术基础,所以,"蔓楼兰"能够实现既高效、高产的工业化生产,又能满足每位顾客细微的需求差异。和前店后工厂的传统模式完全不同,"蔓楼兰"在全国A类商场设有百家门店,每年实现3亿元的营收,并持续以35%的年增长率飞速前进。

但是,在高级定制这一块,"蔓楼兰"非常"保守",一针一线,每一个环节,都追求极致:用的真丝面辅料都是5A级的,蕾丝都是从法国、奥地利进口的,染料都是既有机环保又高饱和度的,贴的钻必是施华洛世奇的,镶的皮草必定是顶级的貂毛。作为施华洛世奇全球120家优质客户之一,"蔓楼兰"曾携一款镶满水钻的高端定制旗袍,出现在外滩22号举行的施华洛世奇公司的晚宴上,虽然旗袍售价高达16.8万元,但当晚就有多人预订。

"蔓楼兰"公司的墙上贴着自创的《匠人十诚》,"蔓楼兰"总经理、上海海派旗袍文化促进会副会长、法国留学归来的"80后"陈黎，看着时尚、先锋，却对工匠精神十分执着。她认为，不能把工匠精神简单理解成匠人，而应是一种态度，一种做什么事都要做到极致的态度。

这样一家不仅追求精致，更有些"变态"到追求极致的公司，是如何打破自己的常规，在不到一周的时间里，为沪剧表演艺术家茅善玉、越剧表演艺术家杨婷娜和电影明星黄奕，制作出三件精致绝伦的高级定制旗袍的呢？事实上，杨婷娜的旗袍制作时间还不足一周，她是开始排演的前三天，才去"蔓楼兰"量尺寸的。

还是先来看看这三件为明星制作的"旗袍明星"吧。

黄奕选的是白底加黄色的凤凰，她提出的要求是"闪"。因此，她的旗袍上的凤凰，是用近5000颗施华洛世奇的钻"烫"出来的。这些钻，共有二三十种不同的种类，每一种类又用了五六种不同的型号、四五种不同的颜色，且都是异形钻，又都是AB焕彩的，在灯光的照耀下，每一颗钻从不同的角度看去，颜色都是在变化、闪耀的。

这近5000颗钻，设计师要用镊子一颗一颗地摆到衣服上，摆出凤凰的造型，处理好颜色的渐变过渡后，再"烫"到衣服上。

第一天从早上9点开始，到第二天凌晨1点多；第二天则做到了晚上10点多，设计师把整整2天时间，都用在了这烫钻上。

黄奕对旗袍领子的要求也与别人不同，要求毛领也要6厘米高，这非常耗工时，但"蔓楼兰"也做到了。

茅善玉对旗袍的要求是雅，她的蓝色凤凰在雍容华贵中有高雅之韵。为绣成这只凤凰，"蔓楼兰"最优秀的绣工，整整绣了4天，每天都绣到后半夜。

根据杨婷娜的身材与气质，"蔓楼兰"为她的蓝绿色凤凰设计了立体的尾羽。每一片羽，先在纱上绣好，再剪贴到衣服上。旗袍上身的羽毛分3层，下身也分3层，每层有10片到十五六片羽毛，总计六七十片羽毛。如此层层叠叠，使得整只凤凰既自然流畅，又生动立体，随着杨婷娜的走步，凤凰便有了展翅欲飞之感。

3件旗袍，"蔓楼兰"是按照数万元高级定制款的要求在做的：所用的材料，不管是面料、辅料，还是蕾丝，全部用的是法国进口货，好在当年9月，公司刚在法国第一视觉面料博览会上进口了大量面料；袖口、领口用的是3块整的貂毛，原色是灰白色的，为搭配凤凰的颜色，每件旗袍的貂毛都染了3种接近的颜色，从中选出一种最合适的来用；用的施华洛世奇的钻，因为涉及的种类、型号和颜色都多，公司库存没那么丰富，是在"蔓楼兰"的请求下，施华洛世奇总部进行了全球调配，把别的客户订购的钻先发给"蔓楼兰"，而正常从奥地利总部配货的话，起码需要一个月周期。

这3件梦幻旗袍，均出自"蔓楼兰"首席设计师、"85后"左丽云之手。别看她年纪不大，却是2015年北京时装周上"世界礼服大赛"的第一名。

刚听到这个任务时，左丽云的第一反应是懵了：从来没有试过在这么短的时间里完成要求这么高的旗袍。

硬着头皮也要上，认输可不是左丽云这个云南妹子的风格。

2016年12月30号晚上11点13分，当陈黎接到张丽丽的电话，收到张丽丽用微信转来的徐家华的设计图稿时，她毫不迟疑地把图纸转发给了左丽云：打硬仗，要找最强的人。

收到图稿的左丽云，立刻行动起来。

作为一名长期处于实践第一线的旗袍设计师，她敏锐地感觉到，要根据三位明星的身材与气质，结合"蔓楼兰"自身的旗袍特色，在原有图稿上进行完善和细化。

她先定花稿，制版师同步打版。经明星试穿、确定版样后，左丽云又把花稿上的图案转化到衣服上，然后是绣花；同时，将貂毛送染……

那段时间，163厘米高的左丽云，瘦到了只剩47公斤，眼窝子都陷下去了；2岁半的儿子没人管，她就带着去上班……

也不是没有抓狂崩溃的时候。

当陈黎在排练开始前三天告诉左丽云，增加了为杨婷娜制作旗袍的任务时，左丽云爆发了，对着陈黎一通吼。

同是"80后"，担任总经理的陈黎，内心更强大。她静静地等着左丽云吼完，等着她冷静下来，然后，是一个姐妹间的长长的拥抱。

一切尽在不言中。

蔓楼兰

　　左丽云看到的陈黎，何尝不是忙到不睡觉、忙到不顾家？因为除了左丽云负责的三位明星的高级定制旗袍外，公司还承担了制作27件翠绿色旗袍的任务。17家企业中，有些企业的生产仍然偏于传统，没法大批量生产，这时候，现代化程度更高的"蔓楼兰"怎能不多承担些呢？

　　在赶制旗袍的一周之内，工人们天天加班到晚上九十点，陈黎也天天陪着：白天忙公司的事，晚上去工厂送宵夜，给工人们加油。

　　为了留住工人，为了让留下来的80多名工人安心工作，陈黎还宣布：任务完成后，公司会或者提供机票或者安排车辆，以保证每位工人师傅都能赶在大年夜前回到家乡。

　　陈黎所作的一切决定，都得到了公司董事长裘黎明的鼎力支持。这位服装界的资深前辈，语重心长地对陈黎说："为了这个央视春晚海派旗袍项目，大家要携手奋斗，此时此刻，没有品牌之分、你我之分，只有为上海争光这一个共同目标。"

　　大年夜那晚，公司的工作微信群简直要被刷爆了——大家在天南海北各自的家中，共同等待着央视春晚上海分会场海派旗袍美丽绽放的那3分钟。

镜头4

金枝玉叶

在旗袍高级定制企业中，"金枝玉叶"一贯特立独行，京剧表演艺术家史依弘身上的"百鸟朝凤"旗袍，出自"金枝玉叶"，带着明朗的"金枝玉叶"的气质。

那是一种艺术的气质。

流香绉的料子，水貂绒的领子、袖口，手工的双滚边、直脚扣，本色提花面料上的凤凰、龙、牡丹与祥云，在虚实相生的针法中生动着。

依徐家华的设计，旗袍是白底绿凤凰；但依"金枝玉叶"的个性，这绿色不会是寻常见得到的绿色，如今用的绿色，绿中有着淡淡的紫色，颜色既丰富又优雅，是极少见的。

这是"金枝玉叶"创始人、上海海派旗袍文化促进会副会长叶子（谭燕萍）亲自打的颜色，灵感来自她记忆中的那次在巴黎卢浮宫的邂逅：意大利文艺复兴时期重要画家波提切利的《女神的馈赠》。

叶子最愿意亲近的，就是艺术：从小练习书法，至今，她每天5点即起，先写上1个半小时的字，再开始一天的工作；周末，她跟着老师静静地研习工笔花鸟画。

一个人的过去与当下，好比是内存，有着怎样的内存，才会有怎样的"显示器"——外在的气质与风度。

这气质与风度，自然也会映照到这个人执掌的企业。"金枝玉叶"，总会做些在市场经济下显得有些奇特的事。比如2016年的10月，叶子带着公司开发设计团队，带着朝圣般的心情，去朝拜艺术的殿堂——敦煌莫高窟和瓜州榆林窟。

大漠，戈壁，河西走廊尽头，鸣沙山断崖，从十六国至清代，1500年的虔诚，以艺术的方式，展现在今人眼前。

唯有用心观摩，才是不辜负；唯有融进自己的血脉中，才是真正的传承。敦煌让叶子看到：人，需要有信仰；有信仰，什么都做得到，没有信仰，

金枝玉叶

是做不成事的。

从敦煌回来，设计团队根据敦煌壁画，开发了不少新面料，其中不少取得了设计专利权。

比如，一款端鹿面料的花纹，将壁画中九色鹿王本生图中的鹿作为基型，进行艺术变化，长角分杈，"臣"字目，大耳，吻部前突，前胸挺出，后背拱起，短尾，体态丰润，简练明快。或站或跃，或昂首或回头，整个画面极为典雅含蓄，富有活力。

这不是"金枝玉叶"第一次从其他艺术形式中获取滋养。"百鸟朝凤"的创意便来自电影《百鸟朝凤》。当时，电影刚一上映，叶子便带着大家一起去看。

电影呈现的那份坚守的孤独，那份孤独的勇敢，深深地打动了叶子。连续几天，她的脑海中盘旋着电影的几个片段；一有空，她就去网上查有光凤凰的资料。

一个关于凤凰的鲜为人知的故事，浮出了水面，进入了叶子的视野。

故事是这样的。

很久很久以前，凤凰只是一只很不起眼的小鸟，羽毛也很平常，丝毫不像传说中的那般光彩夺目。但它有一个优点：很勤劳，不像别的鸟儿那样,吃饱了就知道玩,而是从早到晚忙个不停,将别的鸟扔掉的果实,一颗一颗地捡起来,收藏在山洞里。

有一年,森林大旱。鸟儿们觅不到食物,都饿得头昏眼花,眼看着要支撑不下去了。

这时,凤凰急忙打开山洞,把自己多年积存下来的干果和草籽拿出来分给大家,和大家共渡难关。

旱灾过后,为了感谢凤凰的救命之恩,鸟儿们都从自己的身上选了一根最漂亮的羽毛,拔下来,制成一件光彩耀眼的百鸟衣,献给凤凰,并一致推举它为鸟王。

之后,每逢凤凰生日,鸟儿们都会从四面八方飞来,为凤凰祝寿。

这便是百鸟朝凤的由来。

故事的前半段,似曾相识:人们总用蚂蚁藏食物、蝈蝈忙玩乐的故事,告诫那些贪图现世享乐的人,褒扬那些辛苦劳作的人。

可是,故事的后半段是如此的不同。当北风呼啸、大雪纷飞时,蚂蚁在洞穴里享受着丰硕的晚餐,而蝈蝈却冻饿而死了。似乎蝈蝈不死,就不能放大惩戒的力度,但是,蚂蚁勤劳的背后,是不是有些冷酷无情呢?

相比蚂蚁,叶子更喜欢凤凰的故事。因为,故事中有分享,有感恩,是和她所追求的公司理念相契合的——生活是为了创造高品质的"给予",而非高品质的"获取"。

凤凰的故事,诞生了"金枝玉叶"的这款"百鸟朝凤",在2016年8月的爱丁堡时装秀上,它甫一露相,便聚拢了惊叹与赞赏的目光。

而当叶子拿到徐家华的设计图稿时,她发现彼此有着不谋而合的默契,便根据徐家华的设计要求,对"百鸟朝凤"稍作修改,为央视春晚海派旗袍表演团的京剧明星史依弘完成了这只"新凤凰"。

此外,"金枝玉叶"还承担了两件留学生旗袍和26件帝黄色旗袍的制作,和"秦艺""蔓楼兰"一样,在17家旗袍定制企业中,是任务比较重的。

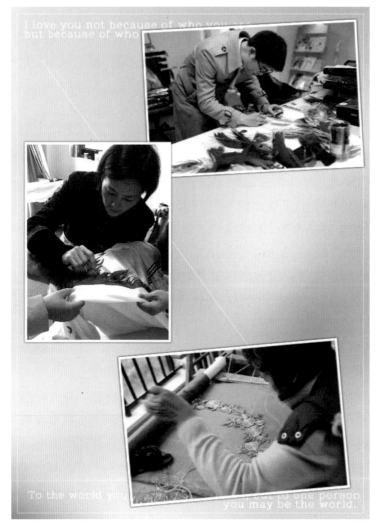

绣写

镜头5

绣写

　　吕和佳，这个喜欢安静的女子，却在2015年6月9日那一天，吸引了千万人的目光。这目光有来自东方的，更多是来自西方的：在米兰世博会现场，她在这万众瞩目的国际舞台上，一展中国传统工艺的独特魅力，飞针走线表演越绣技艺。

　　观众们啧啧称奇，用英文、意大利文、德文、法文、西班牙文等不同语言，说出了同一个意思——神奇的、有魔法的。

　　回国后，吕和佳在海派旗袍文化促进会的支持下、在儿子孙刃的协助下，创立了"绣写XIUXIE"品牌，她自己也被评为"越绣非遗传承人"。

　　一年多后，在2017年年初，在这场央视春晚海派旗袍秀中，吕和佳再次展现了她的魔法。这一次，她的魔法棒挥向了著名二胡表演艺术家、国家一级演员马晓晖和青年女中音歌唱家、上海歌剧院首席女中音王维倩。她们身上流光溢彩的旗袍，正来自吕和佳的"绣写"：马晓晖身着的本白真丝涅槃火凤凰越绣旗袍，喜庆大气，一出场就惊艳众人；王维倩的本白真丝刺绣绿色凤凰翎羽越绣旗袍则显得典雅温婉。

　　这两款高级定制旗袍，在采用传统手工刺绣技艺的同时，更加入了羽饰刺绣这一高难度技艺：即将进口鸵鸟毛、天鹅毛、孔雀毛等飞禽的羽毛，经过染色、剪裁、折压再加工等手法，点缀刺绣在旗袍上。

　　每一款羽饰的选择及搭配，都经过了工艺师仔细的考量：羽毛与刺绣共舞，在明星行进间，摇曳出独特的浪漫姿态；还要考虑到露天演出环境的各种天气状况，因为雨天、大风都会对羽饰的造型产生影响，因此，"绣写"运用越绣同色局部钉线的方法，在保持羽饰飘逸的同时，又很好地起到了保护与定型的作用。

　　取材于自然，将人与自然恰当好处地关联起来，体现自然之美，这是吕和佳的造物匠心，她通过自己的精湛手艺，再造了旗袍之美，也再次向世人展示了中国当代女性的聪慧。

吕和佳为外国留学生制作的旗袍也别具一格：采用暗纹提花绸面料，雅致且高贵；袖沿、下摆、斜襟皆采用手工钩编花边钉制；用细线条勾勒，不繁复累赘，更多体现出面料本身的质感。

绿色代表着生命和活力，充满着希望与和谐，"绣写"团队还负责了26件翠绿旗袍的制作：纹样选用的是国花牡丹，并运用越绣的金银彩丝线绣技艺，于绿色高档羊绒面料上绣制一朵朵含苞绽放的牡丹；同时在旗袍开衩处，加制金色珠片钉绣网纱，既达到美化点缀作用，又能有防风保暖的功能。

这样耀眼的成果来自"绣写"团队的全力以赴。

当团队接到海派旗袍文化促进会下达的制作任务后，面对时间紧、要求高、任务重的困难，带队人吕和佳毫无怨言，信心满满地承诺，一定会以最精湛的工艺、最完美的服务，完成这项光荣的任务。为此，她和她的团队放弃休息，通宵达旦地赶制演出旗袍，连续好几个夜晚，她们挑灯夜绣，偶尔趴着睡一会儿，也不肯离开绷架半步。

考虑到露天演出，又是深冬之夜，吕和佳决定，不惜成本，一律改用更保暖的羊绒面料。

这对原本就很紧张的绣制任务无疑又是一个巨大的挑战，因为羊绒面料相对于真丝更厚、更柔软、更有弹性，因而上绷后对于刺绣技艺更具挑战性。但是"绣写"作为手工刺绣服饰定制专家，绣师们都拥有25年以上的绣龄，对此都成竹在胸。

但，还有一个难题摆在"绣写"面前：羊绒材质的光泽度不如真丝，舞台效果会打折扣。于是，吕和佳决定采用金银线、彩金绣线来绣制旗袍纹样，以此弥补舞台效果的不足。最终绣成的花样效果，整体构型雅致大气，既显富贵大气，但又没有复杂堆砌之感；而是在富贵中有着柔美典雅。

作为企业负责人，要出色完成旗袍赶制任务，吕和佳同时也是500人演出团队中的一员，即使前一天通宵赶制旗袍，第二天，她仍精神抖擞地出现在排练场上。不仅如此，出现在排练现场的吕和佳，总是随身携带着针线包，只要姐妹们有需要，她就会飞针走线，帮她们解决问题。

一枚小小的绣花针，是吕和佳的宝贝，她用这根针，绣出了巧夺天工，也绣出了人间良善。而善良的回报是：在这奋战过程中，她看到越来越成熟的儿子孙韧，表现出了优秀的组织和领导能力。作为母亲，这让她最感欣慰。

镜头6

香黛宫

2016年底的最后几天，"香黛宫"品牌创始人龚航宇突然接到来自海派旗袍文化促进会的电话，邀请其为央视春晚海派旗袍表演团制作旗袍。

乍一听到这个消息，龚航宇又惊喜又很担心：惊喜的是能被委以这么重要的任务；担心的是，这项任务时间短、要求高，不容易完成啊！

但首先，在那一刻，龚航宇心里是非常感激两个人的：一个是海派旗袍文化促进会的张丽丽会长，虽然以前交往并不多，但张丽丽会长表现出了对"香黛宫"品牌的高度信任；另一个是著名钢琴表演艺术家、教育家汤蓓华女士，汤蓓华是此次央视春晚海派旗袍表演团的明星团成员，她一直喜欢"香黛宫"定制旗袍的时尚设计，是"香黛宫"品牌的忠实粉丝，正是她的引荐，让"香黛宫"得以成为央视春晚海派旗袍表演团的服装供应商，同时，她也指定要由"香黛宫"为她本人量身定制彩凤旗袍。

接到电话通知后，很快，龚航宇又接到了张丽丽会长的紧急会议通知：所有参加央视春晚旗袍制作的企业，需集中开会，讨论如何分工协作，如何确保按时保质地完成任务。

紧急会议当天，龚航宇专程从北京赶到上海，与张丽丽会长及相关负责的促进会副会长研讨方案。

直到今天，每当回忆起那一天的会议场景，龚航宇都觉得，好莱坞战争大片里作战指挥部的紧张气氛也莫过于此了：张丽丽会长坐镇，各家旗袍制作企业，毫不犹豫地贡献出自己的特长、技术和工艺，结合各自优势，发挥团队力量，开始了分件数、分工艺、分板块的团队化作业。

虽然"香黛宫"只负责汤蓓华这一件明星旗袍，但这一件高级定制旗袍带来的压力是巨大的，因为时间实在太紧了。平时，"香黛宫"出品一件简单的刺绣旗袍作品都需要半个月到一个月时间，而汤蓓华这件明星旗袍，需绣上整身多配色的凤凰，何况还有许多细节部位需要做亮片处理。

听起来，这简直是一项不可能完成的任务。

香黛宫量体

但怎么说也要把不可能变成可能。

龚航宇在公司里专门召开了研讨会，经大家讨论决定，旗袍采用分片制作法，刺绣环节分两班绣工轮班进行，也就是，人可以休息，刺绣进度不能停下来；同时，研讨会上还解决了怎么让玫红色的凤凰，既显出十足的女人味，又时尚俏丽，更不会在舞台上显得过于低调的问题。龚航宇给出的应对之策是：采取同色系、不同调度的层次化配色方法，以突出凤凰的高贵与独特。

除汤蓓华的高级定制旗袍外，"香黛宫"还承担了部分央视春晚海派旗袍表演团中普通团员的旗袍定制任务。为此，"香黛宫"特别安排了最有经验的量体师傅和设计师，专程从北京飞到上海，为旗袍姐妹们量体，并现场沟通款式细节。每位旗袍姐妹的身材都不同，每人选的款式，虽然大同，但还是存在着小异，因此，每件旗袍都需要单独设计打版，再加上后期的手工盘扣包边，工作难度是很高的，工作量是很大的。

但即便是这样，"香黛宫"还要进一步"自找麻烦"：他们为旗袍姐妹们提供了丰富多彩的底料、花色和图案，以便让旗袍姐妹们有更多的搭配选择，使得这件旗袍不仅符合此次央视春晚的演出要求，而且今后在其他活动中、甚至在平日的生活中，也都能穿着。这么做，当然提高了这件旗袍的实用性，但"香黛宫"的工作量却是大上加大，然而，公司上上下下都觉得，这么做是值得的。

有严肃认真的流程工艺分析会确定从打版到制作的工艺方案，有公司专为此次任务成立的协调小组的加持，在重任面前，"香黛宫"人不慌乱了，大家做起事来更有底气了。

但任务的真正完成，最离不开的还是战斗在第一线的设计师、各工种的工艺师们。为了节约上下班来回路上的时间，很多工艺师索性在公司打地铺，他们常常是在缝制了一半的衣服边倒头睡下，一醒来，马上就接着干手里的活。

10天，仅仅在10天时间里，"香黛宫"打破了自公司成立以来的制作纪录，按照海派旗袍文化促进会的要求，完成了全部制作任务，接下来的与时间的抢夺战，就是如何以最快速度将衣服送达央视春晚海派旗袍表演团的表演者手里进行试穿。

没想到，试穿环节出现了一个问题：由于当初量衣长是根据演员自己要穿的鞋的高度制作的，可到了试衣阶段，导演组对鞋跟高度做作了统一要求，比原来矮了不少，这样一来，汤蓓华的旗袍就要作调整了。

然而，重要的彩排即将开始。正值春运高峰，汤蓓华第一时间寄回"香黛宫"北京总部的旗袍，被快递耽误了2天。为了在剩下来的环节中，弥补这损失的2天，旗袍一进入北京，龚航宇就让公司排专人去快递公司自行取件。取到了旗袍，这边旗袍还在回公司的路上，那边相关的工艺师已在公司门口严阵以待，旗袍一到，大家飞快地接过手来，开始了分工协作。

第二天一早，虽然旗袍还未完全调整到位，但时间不等人，龚航宇决定，不叫快递，直接让工艺师小琴姐带着旗袍飞去上海。但是一查，因为春运，最快飞上海的经济舱已经没有票子了，头等舱也只剩下一张了。龚航宇没有一丝犹豫，赶紧抢下了这最后一张头等舱，并派专车护送小琴姐带着旗袍去机场。

于是，那一天的航班上，出现了一个有趣的情形：一位头等舱客人，在飞行过程中，始终低着头在缝制一件华美的旗袍。她就是小琴姐。

逸英旗袍

龙凤

秦泊秦汉

恩诺旗袍

旗缘（俏尊）旗袍

简鸣服饰

　　辛苦的付出，十分的努力，都是值得的。如今回忆起这段奋战的日子，龚航宇忘了苦，只记得甜了："那天，我们全家人守在电视机前，等着央视春晚上海分会场的开始。等真的开始的时候，看着我们的旗袍绽放在节目中时，我都呆掉了，不知道该干吗了。还好有我的父亲在，他拿起手机，对着电视机屏幕，360度的各种抢拍，总算为我留下了许多珍贵的影像。当晚，我把这些照片发到微信朋友圈里，整个通宵，都是点赞的、祝贺的微信，热闹得不行。在这之前，我们所做的一切都是保密的，都不允许对外传播，那一刻，我们终于可以自豪地对外宣布了。"

　　"香黛宫"并非没有见过大世面，恰恰相反，这是一个服饰时尚圈的女神级存在：他们曾经接待新西兰总督和夫人一行，为总督夫人制作过多套华服；也包揽了为三大顶级国际选美机构打造冠军形象的活，还是中国国际时装周从2015年到2017年的唯一指定旗袍品牌；以龚航宇个人来说，她撰写、出版的散文集、旗袍诗歌集，也遇到过书店卖断货的疯狂……

　　但是，所有这一切，都不如绽放于央视春晚的舞台，让"香黛宫"的人更有心旌摇曳的激动，因为，那是全体中国人的春晚。

新姿旗袍

东梅旗袍

鸿云布行

开开服饰

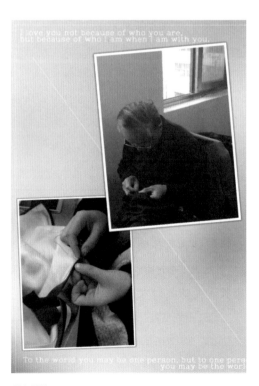

利人服饰

逐梦5

2017年1月4日，上海

"上海海派旗袍文化促进会，作为中国上海的一道魅力风景，在国内外赢得了广泛口碑。为此，我们诚挚地邀请贵协会，于2017年1月10日—27日参加中央电视台春节联欢会上海分会场的前期彩排和演出，展现上海文化之美，更为全国观众送上新春佳节的美好祝福。"

终于，拿到了这张"2017年中央电视台春节联欢晚会上海分会场邀请函"，盖着"上海东方娱乐传媒集团有限公司东方卫视中心"的红印章。

上面这段话，默默地念了好几遍。这份邀请函是对两年多来，海派旗袍文化促进会带领旗袍姐妹们热心公益、服务社会、自觉奉献的最好回报。

今天是一个重要的转折点，在今天之前，我们所做的一切工作，是未经正式授权的，是承担着风险的；而有了这张邀请函，我们终于有了"合法"的身份，可以更加放开手脚地去行动了。

虽然是今天才拿到的邀请函，但为了抢时间，我们甘冒风险，一直在实际中推进这个项目：

2016年12月29日，我召集秘书处全体同志，召开了央视春晚海派旗袍文化展示管理团队会议。会上，我们根据报名情况，首先将500位旗袍姐妹分成A、B、C、D、E5个团，每个团又分成5个支队，共计25个支队；同时将10位明星和10位留学生合组为F团，分成26、27两个支队；最后又加入了以台胞姐妹为主体的第28支队。

至此，6个团、28个支队的人员结构，建立起来了，同时在会议上明确了团长和支队长的人选。

下一步，将要求各支队设立副支队长、宣传员、安全员，以便和项目组、宣传组、保障组的工作一一对应起来，齐心协力、全力以赴地完成本次春晚展示的光荣任务。

12月30日春晚管理团队工作会议

排练现场

今天，除了拿到了邀请函，同时也接到了后天、即2017年1月6日上午参加央视春晚上海分会场导演组专题工作会议的通知，以及所有演员将于1月11日正式进入东方明珠电视塔开始集中排练的通知。

时间紧迫，我已经把几天的日程排得满满的：

1月5日上午召开指挥部第一次工作会议，下午召开A、B团的组团会；

6日全天是C、D、E团的组团会。

7日，指挥部将在东方明珠电视塔休息大厅内召开第二次全体工作人员会议，细化分工，落实举措，并与上海市文化广播影视管理局的保障组衔接，落实旗袍表演团500位姐妹在休息大厅内的候场区域划分，为F团团员隔出化妆小间，准备椅子等所需物品……这些都是很琐碎很细微的工作，但如果落实不到位，到了1月11日正式排练的那一天，520个人一下子进入候场区域，就会全乱套的。

10日上午的重要工作是组织明星们进棚录音，下午则是召开支队长以上管理人员工作会议……

这期间，我还要通过保障组，时刻关注520件旗袍的制作进度，敦促旗袍制作企业一定要在10日晚之前，将旗袍交到每一位表演者手中。

所有的这些工作，都是为了确保11日的第一次集中排练有一次良好的开端。

我们要通过发挥各团团长的重要作用、促进会的协调作用与支队长们的基础管理作用，想尽一切办法，克服一切困难，使整个520团队齐心协力地向前迈步。

——张丽丽

东 方 卫 视 中 心 文 件

2017年中央电视台春节联欢晚会上海分会场
邀 请 函

尊敬的上海海派旗袍文化促进会：

2017年中央电视台春节联欢晚会，将于2017年1月27日（农历除夕）晚举行，并通过中央电视台一套等11个央视频道和各省级卫视，向全球现场直播。自1983年开办至今，央视春晚一直是中国规模最大、收视率最高、最具影响力的综艺晚会和电视节目。

春晚上海分会场将设在东方明珠广播电视塔前，将通过精致、时尚，充满"国际范"的文艺节目，呈现上海国际大都市的非凡魅力与文化气质，成为2017年央视春晚中一道精彩的特别风景。

上海海派旗袍文化促进会，作为中国上海的一道魅力风景，在国内外赢得了广泛口碑。为此，我们诚挚地邀请贵协会，于2017年1月10日—27日参加中央电视台春节联欢晚会上海分会场的前期彩排和演出，展现上海文化之美，更为全国观众送上新春佳节的美好祝福。

真诚地期待与您的合作！

上海东方娱乐传媒集团有限公司
东方卫视中心
2017年1月4日

－1－

SMG邀请函

B团团长

马丽华

马丽华是最早利用技术手段建立微信群来稳定队伍的。她带领的是B团，下设B6、B7、B8、B9、B10这5个支队，团员主要构成为女企业家、女医生、女律师等。

带队伍不容易，但看起来弱不禁风的马丽华，自有一套。事实上，在她瘦削的身上，有着一股子不认输的劲儿。这股子劲，从她追逐梦想来到上海、并在上海创出辉煌事业的故事中，就可一览无余。

马丽华是江西人，本来在家乡做财务咨询工作，生活过得很安稳。但她的内心并不安于这样的现状，她不想过一辈子看得到头的生活。

因为丈夫是上海知青，马丽华对上海有着特别的向往。1994年，她下定决心，辞去公职，来到上海，重新做回职场新人，去人才市场投简历、找工作。

当时出现了两个工作机会。一个工作地点是在西渡，工资1600元，马丽华的丈夫说，我们可以把江西的房子卖了，买西渡的房子，就此安顿下来；另一个工作地点是在市区，但工资只有1200元。马丽华对丈夫说，我们不能从江西的乡下出来，再到上海的郊区，这不是我想要的改变，我要在时代的旋涡中寻找属于我的机会。

不仅要留在上海市区工作，马丽华还对事业有着一份雄心。

她一边开始工作，一边准备CPA（注册会计师）资格和CPV（资产评估师）资格的考试。当时，孩子还小，马丽华白天忙工作，晚上忙家务，学习时间只能是在哄睡孩子之后的深夜，但马丽华咬牙坚持着。最后，她的CPA考试差了一门，没有考出来；CPV则一次就考过了。于是，马丽华以资产评估师的身份继续工作了6年。之后，做足了准备的马丽华，在2005年开始了自己的创业之路。如今，她的上海申威资产评估公司在上海排名靠前，即使从全国范围来看，也能跻身前20名。

马丽华连续两届被评为上海市"三八红旗手"，还担任着很多社会职务：上海市虹口区政协委员、上海市妇联执委、上海市工商联执委、民盟企业家联谊会副会长等，虽说是社会职务，虽说管理企业本身就够马丽华忙的，可她是个实在人，把每个社会职务都做到了实处，踏踏实实，绝不走过场。

事业上是强人，生活中的马丽华却是个十足爱美的人。她穿衣服很挑剔，又很有眼光，总能踩在时尚的鼓点上，却又和大众流行保持着半步的距离，这半步的距离，就是马丽华自己的独特个性。比如，同样的民族风服饰，马丽华的民族风中带着股洋气，与众不同；同样爱穿旗袍，马丽华的旗袍无论是贵至数万元的，还是所费不过千元的，也总有些特别之处，来标识马丽华的个人"品牌"。

为什么这么爱美？马丽华有着自己的理解：时代在向前发展，女性在各个领域内都撑起了半边天，自己能在传统由男性主导的资产评估领域崭露头角，既要感谢这个时代，自己也要主动承担起代言新时代女性的责任，展露专业理性的一面的同时，也要展现新时代女性秀外慧中、既尊重传统也引领时尚的一面。

为什么这么爱海派旗袍？马丽华的回答更深情："我非常感谢上海，非常爱上海。上海很'绅士'，能够接纳、也非常适合女性创业。有一次，我从浦西看向浦东，发现陆家嘴的一幢大楼外墙上，用灯光打出了'我LOVE上海'这几个词，我瞬间就被击中了泪点。"

正是从这个角度出发，马丽华理解的海派旗袍上央视春晚舞台就不是吃这点苦值不值得、个人能不能在镜头前露脸的问题了。

有韧性，事情要么不做，要做就一定要做好。这是马丽华眼中的上海女人最大的优点，其实也正是马丽华自己的特点。

当520团队第一天排练到晚上9点30分时，考虑到交通问题，更因为事先对排练的辛苦程度没有足够的思想准备，如其他团一样，B团也有很多姐妹退怯了，不仅未经导演组同意就擅自离场了，更在群里流露出负面消极的情绪。

这时候的马丽华，再急，也急在心里，人们看到的她，依然镇定自若。她一边在群里发布海派旗袍在米兰世博上的美照和受到的赞誉，以鼓舞士气；一边一个一个地找有情绪的姐妹私聊，理解她们的辛苦，化解她们的心结。

而最终真正把B团100个人凝聚起来的，是大家看到了马丽华自己的付出。不说每次比大家早到、比大家晚退，光说为了排练而缺席重要的商务谈判，导致业务大单子飞走，就让姐妹们暗自佩服。团长能作出这样的牺牲，谁还好意思怕苦、计较呢？

最后，在同时录制的三个节目：央视春晚上海分会场中的歌曲和旗袍秀《紫竹调·家的味道》，春节期间上海地方台特别节目中的歌曲和旗袍秀《爱就一个字》，以及上海东方卫视元宵喜乐会中的旗袍秀《月圆花好》中，都可见到团长马丽华她们的身影。

马丽华团长和姐妹们一起候场

1月5日第一次指挥部会议，会长张丽丽，副会长董剑珍、沈慧琴、马丽华、严琦、江妙敏、张桂平等出席

1月5日、6日央视春晚上海分会场动员大会在市三女中进行，会后即开展培训

在上海交通大学召开留学生动员会

促进会艺术指导张乐梅老师及助理在辅导交大留学生走秀

1月7日指挥部第二次会议在东方明珠现场召开

1月10日团长、支队长和工作组会议

11日首次集中排练至凌晨结束，姐妹们尝到了排练的艰辛滋味

深夜在排练现场的促进会领导和SMG导演

C团团长

朱盈

宁愿企业受损失，也要保证人员的稳定、排练的顺畅，同样的故事也发生在C团团长朱盈的身上。

看着文静娴雅的朱盈，拥有着规模不小的企业王国——划云集团。其中，集团下属的上海划云建筑装饰工程有限公司，是上海数千家装潢企业中的前五强。

虽然一般到了年底都是企业最忙的时候，但装潢行业的忙更是外人所无法想象的：对外要争取与甲方结算工程款，这项工作直接关系到企业的生存和发展，万万大意不得；对内要和一支支工程队、一个个工人核算工作量、结算工资，这项工作涉及企业内部的人心稳定，也万万大意不得。而且，多年以来，每逢过年，朱盈都是安排车辆送工人返乡的，这也是一项非常繁琐的工作，返乡路上的安全是至关重要的。

接下带团任务，势必会影响企业经济效益。其实，朱盈在接受张丽丽会长交给的任务时，就想到了这一点。但同样在上海发展了事业、拥有了精彩人生的朱盈，心情亦如马丽华一样——对上海这座城市充满了感激与爱。

考验果然来了。

划云装潢接到一位重要甲方的通知，公司为其装潢的在杭州的某个工程项目可以结算了。但是，这个甲方是中国香港的一家著名企业，有着极其严苛的财务管理制度，针对工程结算，这家企业规定的程序是：项目公司和承包方的所有关键岗位的人必须同时到场，在香港总部的视频监督下，按照规范的流程进行结算。

朱盈是划云装潢公司的法人代表，朱盈不去，是任何其他人都不能代替的。但当时，C团刚刚组建，排练刚刚开始，身为团长的朱盈如果缺席排练，团员们会怎么想？每天排练到深夜，天气又那么冷，这时没有一个榜样人物站在队伍的前头，军心是很容易涣散的。朱盈思虑再三：不行，我不能请一天假。

但是，这家香港企业对朱盈的选择非常不理解：在商言商，有什么事比企业利益更重要呢？最终，这个工程的工程款至今尚未结算。

企业因此遭受了多少损失，朱盈不愿意多谈；她更愿意感谢那些理解她的人，事实上，在很多本该她亲到的场合，只要她和对方真诚通话，讲明原因，多半最终都能得到对方的理解。

比如，2017年1月17日，位于浦东康桥的万豪酒店项目马上要开标了，甲方中意划云装潢，但甲方负责人希望开标前，划云集团的董事长能够到场，作一次面对面的沟通，可以让他们更安心地把工程交给划云。为了准备这个项目的竞标，公司付出了很多努力，临门一脚，朱盈不去，会不会前功尽弃？这可是四五千万元标的的项目啊。朱盈心里一点底都没有，但她硬着头皮在排练现场打电话给甲方负责人，一五一十地把情况说给他听——"我是团长，我不能缺席……"

电话那头，沉默了一会儿，然后，听到甲方负责人说："我理解，我是土生土长的上海人，感谢您这位新上海女性如此厚爱上海，把工程交给由您领导的企业来完成，我们很放心。"

那一瞬间，朱盈的眼泪下来了，那是感激的泪水——有什么比人与人之间的理解更重要的呢？

员工们对自己的理解和支持，亦让朱盈感动到哭：往年都要吃的公司年夜饭，不得已改成了年后的开工饭，员工们不仅没有怨言，反而为朱盈能率团上央视春晚而感到自豪；朱盈大儿子定了1月3日结婚，可春晚排练一开始，朱盈根本顾不上准备儿子的婚礼，全靠员工们跑前跑后忙着张罗，公司上下，团结如一家人。

那段时间，原本就瘦的朱盈，又瘦了10多斤，严重缺乏睡眠，有时候，早上一醒来，或是一上午忙得不可开交的时候，她也真不想再赶去排练现场；但是，每次挣扎着去到排练现场时，看着自己团里的其他99位姐妹，她顿时觉得自己的困难不算什么了，是应该克服的。

朱盈是上海市安徽商会女企业家协会的会长，看着团里同样是企业家的姐妹们，克服困难，坚持来排练，朱盈心存感激。她知道她们和自己一样，有一家或多家企业要管理；有些姐妹，家中有老人；有些姐妹，孩

朱盈团长和旗袍姐妹们在彩排现场

子还小；甚至还有姐妹的孩子生着病，但她们都来了，共同为上海的荣誉而战。

朱盈团里有10多位安徽姐妹，她知道，大过年的，这些姐妹们要留在上海参加完春晚才回安徽老家，需要顶着多大的压力，因为安徽人的传统观念很强，女人在外面再能干，春节都是要回家陪着老人和老公过的。为此，朱盈给姐妹们的老公——打电话，既是做解释工作，也是安抚情绪。最后大年夜那天，表演结束后，想到这些姐妹们的家人都已提前回安徽了，如果她们此时回家，也是冷冷清清一个人，朱盈便把这些女企业家们全接到了自己家，吃了一顿朱盈妈妈做的年夜饭。吃完，大家打了地铺，热热闹闹地睡了。第二天，大年初一，朱盈再把她们——送上回家的车。

面对这样的团长，很难对她说出拒绝的话。

D团团长

江妙敏

对D团团长江妙敏来说，队伍组建之初最大的困难是，成员来自各个方面，相互之间全不认识。排练期间，每天都有变化，如何将各种变化，一一通知到每个人，是不小的考验。

但没想到，这些还只是小困难，更大的考验在后头。

排练一开始，东方明珠电视塔下刀子般的冷风一刮，刮走了D团好多姐妹，江妙敏手下的"兵"只剩下了一半。

怎么办？江妙敏不信这个邪。

了解江妙敏的过去，就会发现，这是个从来不信邪的人。2005年下的海，这个文科出身的小女生，干的竟是盾构这一行，她的江山建设工程有限公司，是全球唯一一家由女性领导的专业制作盾构的企业。到目前为止，全上海的地铁站台中，有140多个站台盾构是江妙敏的企业做的；2010年上海世博，她还因在地铁建设中的出色表现而获得世博特殊贡献奖。

这股子天不怕地不怕的闯劲儿是从哪里来的？江妙敏将之归结为奶奶的言传身教。

江妙敏是由奶奶一手带大的。因家庭变故，她从小便由奶奶带着，艰难地生活着。

但就是在这么艰难的环境下，奶奶也会努力抓住生活中一丝一毫的美好。奶奶不放弃美，她把自己压箱底的旗袍，拆了改成两件小旗袍给江妙敏穿，让这个没爸没妈的孩子，在灰色的日子里照样拥有一抹亮色。

正是这抹微弱的亮色，成就了江妙敏人生的底色：坚韧不拔，而又保持女性的柔美风采。

人跑了一半，怎么办？

江妙敏利用自己担任上海市江西商会常务副会长、女企业家协会会长、江西省驻沪办妇女工作委员会副主任等社会职务的资源，积极联系在

江妙敏团长和姐妹们在演员休息区

沪的女企业家，同时在张丽丽会长的支持下，直接联系江西省驻沪办妇女工作委员会谢琼主任，由妇工委与江西女企业家协会共同组织动员了40多名女企业家加入了表演团。

　　江妙敏拿来动员大家积极参与演出的理由就一个：每年过节，你都是在电视里看央视春晚的，今年，让别人在电视里看你！

E团团长

张桂平

"不管镜头扫得到扫不到,我们都要美美地站在那里;现在的我们,不完全属于自己,更代表着上海的优秀女性。"

张桂平率领的E团,穿的是玫红色的旗袍,很美,但从导演的镜头里看出来,这么美的颜色,更适合远景的铺垫,因此,E团从一开始就被安排站在舞台最远最高处。

于是,一种不满的情绪在有些支队内蔓延。张桂平柔声地、但又是坚定地这样劝服姐妹们。

理就是这么个理。不满是一时的,其实,愿意来参加演出的姐妹们,基本的觉悟都是有的。张桂平也深知这一点:姐妹们就是太冷太累了,情绪需要发泄,我是团长,别人可以冷言冷语,我一定要始终温暖以待。

是旗袍,让张桂平变得越来越柔软,这份柔软,是柔中有刚,是柔中有坚持。

今天经营着上海君兰酒店管理有限公司的张桂平,其实30年前曾在老家贵州办过服装厂,专做西服和中山服,当年还是省里第一届工商联的常委。张桂平学过美术设计,生活中,她对旗袍情有独钟,虽然那个年代,穿旗袍、涂口红被批评为"小资情调",但利用拥有服装厂的优势,张桂平在生活中还是有条件偷偷地"小资"一下的。

1996年,张桂平来到了上海。因为时代变了,也因为上海包容的城市特性,张桂平对旗袍的爱可以肆无忌惮地张扬出来了,尤其是在担任上海市贵州商会女企业家联谊会会长后,张桂平在联谊会中成立了旗袍队,和众多姐妹一同分享旗袍的美。

本来,长期经营企业,她的身上渐渐多了雷厉风行的气质,但穿上旗袍,她提醒自己:动作要慢下来,声音要低下来,而最重要的是,心要柔软下来。

因为,只有柔软下来的心,才能体味到别人的不容易。

张桂平团长和姐妹合影

　　是啊，E团的姐妹们不容易，大都住得很远，不是崇明区，就是松江区。通知中午11:30开始排练，意味着她们至少要提早2个小时从家里出发；而每次半夜结束排练，她们赶回家中，其实是睡不了多少时间的，很快又得准备出发来排练了；甚至有一次，排练到凌晨2点多才结束，崇明区妇联准备的来接她们回家的是大巴士，而这个时候，按规定，大巴士是不可以开上路的，于是，这些崇明姐妹们，只能瑟缩着在车上打个盹儿，一直等到天亮了才开回去，而回去后又都去各自的单位上班了。

　　因为彼此的理解，E团成为了一个优秀的集体。E团中的5个支队，有3个获得了"优秀支队"称号，2个获得了"先进支队"称号。张桂平把央视春晚海派旗袍表演这一场战役称之为"温柔地执着、优雅地奋斗"，这是时任上海市妇联主席的张丽丽会长在2010年上海世博会"城市让生活更美好"的女性论坛上的发言主旨，张桂平一直记着这句话，今天，她借用会长这句话来形容这场新的战役。

F团团长

刘珊

刘珊是被张丽丽"拖"下水的。

刘珊，出身于军人家庭，从小在部队大院长大，当了30多年的兵，从医务兵开始，直至副师级技术干部。

2005年，转业来到上海后，刘珊进入了上海市委办公厅接待办工作，是位懂政治、知全局、有分寸的"老"干部。

2006年，张丽丽到上海市妇联工作后，与刘珊有了交集，两人建立起了深厚的友谊。

2016年下半年，刚刚退休下来的刘珊原本想总算有时间游山玩水、饱览祖国的大好河山了，可是，张丽丽拉着她的手说："好妹妹，要游山玩水，也得等先和我一起忙完了这场央视春晚旗袍秀。"

于是，在张丽丽的力邀下，刘珊担任了F团的团长，下有10位明星组成的26支队、10位留学生组成的27支队和台胞姐妹组成的28支队。

虽然以往接待的大都是国家领导人，但市委办公厅接待办有一套规范的流程，因同志之间相互配合，工作压力没有外界想象的那么大。

但这次央视春晚海派旗袍表演团的带团任务，其工作压力和工作量之大，确实让刘珊有些始料不及。

首先是明星们非常忙。年底，正是她们最忙的时候，有剧团的演出，有市里团拜会的演出，以及其他很多演出任务。与此同时，央视春晚排练的过程一波三折，几乎每一天都有变化，而一有变动，刘珊就要一一通知到位，哪位明星没有回复她，她必得追问到底。

因为忙，无法统一明星们去电视台录音的时间，刘珊只得一个一个地陪着去。

也有闹矛盾的时候。

排练一开始，留学生们发现，排练并没有按照事先说好的时间表进行，有时候，她们人到了，可场上还在排演其他节目，她们只能等着；说好排练到9点30分结束,可都过10点了,排练没有一丝一毫要结束的意思……对此,她们一时不能理解,甚至有"罢练"的想法。

是刘珊,耐心地向她们做解释工作,让她们懂得:不止是旗袍这一个节目在排练,导演负责的是"上海7分钟"节目的整体呈现,需要作通盘的考虑;也不是导演一个人能决定所有事的,节目需要听取各方意见进行修改……看着这位年龄够做自己妈妈的女士,天天比她们到得早、走得晚,又是如此耐心地向她们解释,留学生们最终明白了这样一个道理:团队协作是需要彼此体谅的。

在刘珊的努力下,理解成为了F团的主基调。

比如,年底时分,明星们确实都是档期满满的,确实难以保证每次春晚排练都能到场,刘珊虽然每时每刻都追着她们确认排练时间,但心里是充分理解她们的。她把这份理解,化作了默默的关心:每一次,明星们从室外排练现场的冷雨寒风中回来时,总能见到刘珊守候在通道口,陪着她们一路走过长长的通道,而进入休息室时,明星们第一眼看到的,也总是刘珊早已为她们准备好的热腾腾的姜茶。

刘珊就是这样,靠自己的言行,感动了明星,"征服"了留学生,凝聚了台胞姐妹。她的付出与牺牲,大家都看在眼里,感佩在心:得了急性肠胃炎的她,依然天天坚守岗位;曾服务国家领导人的她,没有架子,事无巨细地为大家提供服务。

而明星们的表现也让刘珊感动:

青年钢琴演奏家汤蓓华,身上满满的都是正能量,每次在排练现场,她都是快快乐乐的,经常带着美食来现场与大家分享;

大年三十那天,大家中午就被"关"进来了,吃完年夜饭(盒饭)后,为了让大家保持高昂的情绪,促进会举办了旗袍姐妹"小春晚",明星们各展才华,马晓晖演绎的二胡经典作品《良宵》和《草原情歌》里的《赛马》,王维倩的上海老哥,华雯的沪剧清唱,让大家听得如痴如醉,沈昳丽则边表演,边将昆曲的历史娓娓道来,黄奕就更可爱了,索性把自己当成了吉祥物,和每个支队的姐妹们一一合影。

有了彼此理解的心,什么样的困难都能战胜。

刘姗团长和交大外国留学生等在演出现场合影

刘姗团长和为明星留学生
提供保障服务的张明霞
合影

大家为过生日的旗袍姐妹送上祝福

还有A团团长沈慧琴，亦是团长队伍中优秀的一员。

这位新东苑国际投资集团有限公司董事长，有着诸多社会身份：闵行区政协委员、上海市女企业家协会副会长、上海市工商联常委、上海市工商联房地产商会副会长、闵行区女企业家协会会长、闵行区老年协会会长、闵行区企业合同信用促进会会长……但在这些身份中，她十分看重的依然是上海海派旗袍文化促进会副会长。

她积极参与促进会传播海派旗袍文化的活动，在2015年6月的"相约米兰，走向世界——海派旗袍文化传播系列活动"中，她和旗袍姐妹们一起，在世博园里精彩亮相，弘扬海派文化，展示上海女性风采。

这一次的央视春晚海派旗袍表演，她也一如既往，热情、积极地参与，后因年底企业有重大决策事项，不能天天到现场，但她始终心系姐妹。

B6支队支队长

卢小洁

每个女人都应该有一件自己能驾驭的旗袍；而要驾驭旗袍，女人必须做到内外兼修。

这是卢小洁的"旗袍驾驭理论"。

她首先把这套驾驭理论应用到了驾驭自己的命运上。

出生于山东青岛，5岁全家迁至天津，7岁之后随父母到上海，在上海的部队大院里一路成长，卢小洁认为，自己骨子里已经很"上海"了。

上海女性既温婉又勇敢的特性，在卢小洁身上体现得非常完美。30岁时的她，有一个非常幸福的家庭，老公疼她，3岁的女儿非常可爱。但卢小洁决定要出去闯一闯，目的地是日本。走进闸关的那一刻，她不敢回头看老公、看女儿，任凭眼泪哗哗地流。那一天是1992年5月18日，她至今记得。

走时136斤的卢小洁，在那一年年底回到上海时，减到了98斤。老公心疼不过，再走时，他陪在了卢小洁的身边，一起走。

在日本，这是一对很拼的夫妇，卢小洁如今漂亮的双手，当年曾因洗碗而洗脱了几层皮。

这股拼劲，为卢小洁拼来了机遇。一位常到卢小洁打工的店中吃饭的日本老板，看中了卢小洁，三番几次地上门求合作，让卢小洁负责中国市场。由此，卢小洁开启了创业路上的"升级打怪"模式，从为这家日本企业做代理开始，直至回国开创自己的生产基地，事业越做越大。

如今，回想自己的人生经历，卢小洁总结说：血脉给了我山东的豪爽；在上海所受的教育让我学到了精明；而在日本的打工经历，让我懂得了什么是努力。

是什么陪伴着卢小洁走过种种艰辛？是一颗爱美之心。

从小，妈妈都把卢小洁打扮得美美的：用姥姥留下的丝绸缎料，给卢小洁做各式旗袍，后来，姥姥留下的料子用完了，妈妈甚至用的确良来给小洁做旗袍，照样很美。在日本，每当苦得感觉自己再也撑不下去的时

卢小洁支队长和B6支队部分姐妹在排练现场合影

候，卢小洁总会从箱子里翻出带来的旗袍，穿上身，对着镜子摆几个优雅的姿势，练习微笑。

回到了海派旗袍的发源地上海，卢小洁更是热心参加海派旗袍文化促进会的各种活动。她也穿着旗袍参加爱乐合唱团，见到的人都赞她把女人味穿出来了。

上央视春晚，卢小洁是最早的造梦者之一。就是在泰国清迈那天，她和余红霞等人，在微信视频中，向张丽丽提出了上春晚的愿望。促进会开年会的时候，张丽丽会长抱着卢小洁的肩膀说："小洁，这次，我们真的要上春晚啦。"一句话，让张丽丽和卢小洁都无比地激动。

卢小洁担任了B6支队的队长。她又拿出了在日本打工时的拼劲，带领队伍，埋头忙排练。有一次，一个意大利最好的床上用品品牌打电话找卢小洁，因为卢小洁在排练，没有接到电话，等到排练结束，已是凌晨2点多了，没法回电。第二天一忙，卢小洁忘了这件事，等她想起回电给对方时，对方非常生气，影响了双方的合作。

B6支队的成员，大都是高级知识分子、企业家，很多还是海派旗袍文化促进会的理事，平时为促进会的发展、为海派旗袍的推广出钱出力最多。但B6支队成员的年龄却普遍偏大，因而被导演安排得比较靠后，看着年轻人都站在前排，刚开始，心里未免也有些酸，但这些成熟女性很快就释怀了：不管是谁美，美的都是上海女性。

排练现场

每位支队长都很拼

其实，每位支队长都很拼，卢小洁只是其中的一位。

A1支队支队长陈台玲，不厌其烦地辅导、纠正姐妹们的仪态和动作，把姐妹们个个都训练得仪态万方、优雅动人；姐妹们在她的带领下，尽管每天在刺骨寒风中挨冻，但大家的心却是暖暖的……姐妹们深深地爱上了A1这个集体。

A2支队支队长张湧钧，处处以身作则，默默关心着每一个队员，时常为队员作心理辅导，队员们有什么想法也都愿意找她倾诉。每天，她带着年轻队员排队为大家领盒饭，就是为了让其他队员能多休息一会儿；每天排练完了，她主动留下来和工作人员一起清理场地。有这样的队长，A2的队员们都铆足了劲。

A3支队来自东航集团，支队长吕诗晨，"90后"女孩，是东航的形象大使，经常在集团宣传片、广告里亮相，并出席企业的重大活动。但是，自2017年1月11日进入东方明珠电视塔排练现场，吕诗晨一改往日形象代言和空中服务的亮丽装束、妆容，除导演规定带妆排练外，她不施粉黛，穿着简朴，一心只努力做好组织和服务支队姐妹的工作，以至于排练之初海选前排演员时，导演竟漏掉了这位形象大使。事后，曾有记者问吕诗晨："最初没被导演选中，你这位形象大使是怎么想的？"她淡定地回答："这是团体节目，每个人都是绿叶，无论站在哪里，都要发挥好一片叶子的作用。"但这片叶子最终还是被导演发现了，天生丽质难自弃，吕诗晨被调整到了前排，并作为演员代表之一，接受了电视媒体的采访。

A4支队来自锦江集团。2016年12月29日，上海东锦江希尔顿逸林酒店人力资源部总监翁灵洁，接上级任务，需委派包括她自己在内的3位同事，参加央视春晚海派旗袍表演团。为不辜负锦江集团领导的厚望，翁灵洁带领酒店人力资源部员工李欣培、酒店销售部员工廖继音，积极参加春晚的排练工作。

作为锦江支队的支队长，每次排练时，翁灵洁都要帮队员们领饭、清理垃圾；每次排练结束后，她都要协调用车，以确保每一位小伙伴都能够安全到家，之后，她才可以安心审阅当天积压下来的单位需要审批的文件，因此，那段时间里，酒店员工往往都是在凌晨时分收到她的工作邮件的。其实，作为酒店的人力资源总监，翁灵洁的日常工作是十分繁忙的，但只要当天没有排练，她都照常出席管理层的晨会，照常召开本部门的例会，把酒店的工作安排得妥妥帖帖的，更不耽误员工们的年底绩效考评和年终奖的发放。不仅如此，她还是酒店年会的总导演兼管理层表演节目的策划和组织者。年会是员工们一年忙到头最大的期盼，她可不能让大家失望。果然，2017年1月23日上午，逸林酒店内一片欢声笑语，2017年酒店"春晚"拉开帷幕，"总导演"翁灵洁挥斥方遒、指挥若定，为大家奉献了一台高质量的晚会，她的敬业精神和出色能力获得了酒店业主以及外籍总经理的高度赞扬。而她在央视春晚海派旗袍表演团中的表现，同样令人赞叹。

A5支队来自衡山集团，支队长张迪菲是衡山宾馆的团委书记，别看这是位1989年出生的小妹妹，却很吃得起苦；不仅自己吃得起苦，还很会关心人、照顾人，支队长的角色做得很到位。在张迪菲的带领下，A5这支年轻的队伍，表现突出，即使穿着单薄的旗袍站在接近0℃的户外排练，即使从早上9点站到晚上、甚至到第二天凌晨2点，她们都不发怨言，无一缺席。她们中最令人感动的是来自国际贵都大饭店的郑于，发着39℃的高烧，依然咬牙坚持到最后。

晨玲是气质与美貌并存的B7支队的支队长，她不仅为本支队付出了很多，还主动指导律师团队、共青团队和医生团队，目的是为了整个520团队的美丽绽放。而她自己，则让出了本属于她的显眼位置，把其他姐妹推到了镜头前。

晨玲有一位美丽的好助手，那就是副支队长谢红，一位美丽的人民教师。排练开始时，学校还没放寒假，正是学期结束前最忙的时候，但谢红不仅克服种种困难，坚持排练，还尽心尽责地协助支队长做好每位队员的考勤、协调等工作，而且，不管多累，她的脸上始终洋溢着笑容。

表演结束后，请B8支队支队长商鞅提供支队总结时，她写了满满1页纸，都是在赞扬队友的：队友们都是大学生，半数以上队员没有参加过任何形式的演出、走秀；有的队员从没穿过旗袍，有的队员从没穿过高跟鞋；有的队员向来是素面朝天、没化过妆；更少有队员懂得用神态、步伐展现旗袍魅力。第一次登台，面对的就是高标准、高强度的央视春晚，刚开始，大家难免有些畏难情绪，而排练伊始，接踵而至的难题更让大家气馁。此外，还有些队员家住金山、奉贤等郊区，每次参加排练，仅单程就要花两三小时，排练至深夜，地铁早结束了，只能打车回家。但姐妹们踏踏实实，从零开始，虚心求教，反复练习，逐步掌握了化妆、台步、仪态等技巧，最后自信满满地走上台……

夸了队友这么多，商鞅却不提自己半句。但是，只要去听听B8支队队员们的心声，就能知道：队友们之所以能不抱怨、不气馁、不放弃，正是因为有她这个队长不仅不断地加以鼓励，而且率先做出了好榜样。

B9支队是一支来自卫计委的队伍。众所周知，医院的工作不分昼夜，是非常繁忙的，为了挽救病患的生命，医护工作者几乎每天都在争分夺秒地工作。接到央视春晚海派旗袍的演出任务，姐妹们感到非常高兴和荣幸，在队长王琳的带领下，无论本职工作如何繁忙，大家都克服困难、巧妙安排，不拉下一场排练。为了凝聚人心，王琳建立了一个微信群，群名就叫"旗袍姐妹"，让10位来自上海各家三级甲等医院的姐妹们聚拢在这个无比温暖的"大家庭"中。

B10支队支队长陈和霞是北京盈科（上海）律师事务所的合伙人律师，而且担任着公司法律事务部破产清算中心的主任，在工作十分繁重的情况下，她仍然愉快地接受了表演任务，和其他19位姐妹一起，代表全市6000名女律师，加入了央视春晚海派旗袍的表演队伍。

作为支队长，陈和霞带领着这支高素质的女律师队伍，一改法庭上的英姿飒爽、能言善辩，而是在海派旗袍的衬托下，变得温婉端庄、仪态万千，为上海寒冷的冬季带来一抹亮丽的颜色。

作为支队长的吴春梅，是C11支队的灵魂人物，她睿智沉稳，把握着全支队姐妹的思想动态，队里大小事情她都安排得妥妥的，大家笑称，只要有她在，整个支队就不会跑偏；副支队长彭志萍则细心干练，哪位姐妹有求，她必有应。两位支队长分工明确，配合默契，让姐妹们一来排练就感受到大家庭的温馨。

排练现场

C12支队的队员有一半以上是浦东新区机关的中高层干部，工作岗位重要，工作节奏紧张，为协调队员排练时间，需要支队长候丽不仅能乐于奉献，更要有管理智慧，而她出色地完成了任务。

C13支队的支队长贾雅婷，随身带的箱子里塞满了自己的旗袍和扇子，以备姐妹们不时之需，唯独没有为自己留下空间放一双备用鞋，以至于遇上下雨天时，她的鞋袜尽湿，却没有可替换的。这样的队长怎不让人心疼？队员小贝找来卖袜子的人，让她换上了干净袜子，宣传员菲菲则把自己的备用鞋给她穿。副队长卢秋芳也是如此，每次排练结束，她都让队员们抓紧时间休息，自己则去排队帮大家领盒饭。

C14支队来自徐汇区妇联，支队长霍冰雁，在结束央视春晚海派旗袍的演出后，给每位队员送上了满满的新年祝福，舍不得C14这个临时小家庭的解散。

C15支队来自长宁区妇联，支队长黄洁清，虽然自己工作也很忙，寒冬中的排练又十分磨炼人的意志，但面对队友们，她总是揣着饱满的热情，鼓励和带领大家一次次地投入艰苦的排练中。

D16支队长曾红是上海艺聚文化发展有限公司的董事长，旗下设有"艺聚诗词""艺聚淑媛""荟兰堂"三大品牌。她同时还是海派旗袍文化促进会的理事、海派旗袍文化促进会专业委员会的主任，她很珍视这两个身份，带领着"荟兰堂"的另外6位女企业家，积极参加央视春晚海派旗袍表演团的排练，并担任了支队长。

在表演团第一次动员大会及每次排练过程中，曾红都以自信、乐观、专业的姿态影响着每位队员：17天的排练，她每天都是第一个到场，最后一个离开，每天认真做好通知、组织、安排、落实的工作；她每天带上水果和大家分享，除夕夜还特意带上了自己烧的菜，为队员们加餐；她邀请书画家吕红楼为队员们书写春联和"福"字，给坚守在排练阵地的姐妹们带去鼓励与祝福；她家有套房子离排练场地不远，原本在出租，她暂停了出租，腾出来供因为太晚而回不了家的姐妹住……

谢琼，一名优秀的共产党员，在江西省政府驻上海办事处建管处工作，2014年起兼任江西省妇联驻上海妇女工作委员会主任。在这次央视春晚海派旗袍表演团中，她担任D17支队队长。

在这次央视春晚海派旗袍表演团的组建过程中，江西省妇联驻上海妇女工作委员会是最给力的，一共组织了43位女性参加。

2017年元旦那天，在接到参加央视春晚上海分会场海派旗袍表演的通知后，妇工委班子成员谢琼、江妙敏、彭馨、傅莉等立即进入工作状态，她们知道，上央视春晚，不仅仅是满足个人的情怀，更是一份神圣的任务。

为顺利完成这项神圣的任务，江西省政府驻沪办副主任、单位党委书记张雪萍带头参加演出，与姐妹们同吃盒饭，帮助解决姐妹们深夜无车可回的困难。组织上的支持与榜样行动，让每一个寒冷的夜多了许多温暖。

D18支队来自普陀区妇联，支队长熊铮、副支队长孔苗、宣传员林珊、安全员刘殷组成了一个临时、但又团结有力的工作班子，她们除需完成规定的排演任务外，还肩负着为全支队队员做好服务工作的责任。队长熊铮更有一份上情下达的职责，同时要为队员们联系化妆师、车辆等。她总是把姐妹们的事安排得井井有条。服装没有按时到位，她就让姐妹们先回家，自己一直等到衣服送来为止。为了保持场地的整洁，她细心地带来垃圾袋，分发给大家。还叮嘱大家用布缠挂衣架，以防衣架钩坏旗袍。她平时需要接送孩子上下学，但排练、表演期间，她不得不忍下心，把这事移交给了正在患病的母亲。

排练现场

　　虹口区女企业家协会一接到区委副书记洪流和妇联下达的参加央视春晚海派旗袍表演的任务，便第一时间组成了D19支队，尤其是支队长盛培苓，协助女企业家协会做了很多工作。在排练过程中，她也带领着团队，表现出吃得起苦、经得起考验、关键时刻能识大体顾大局的奉献精神，做到了队里所有姐妹在排练、演出期间无一人缺席，每天都是准时到达排练现场的全勤记录。支队中有8位队员是专业模特，她们总在休息间隙担当小老师，帮助不会走台步的姐妹们练习走台布。最苦的时候、最冷的时候，作为支队长，盛培苓以身作则，用自己的行动来鼓励队友们决不放弃，用帮助化妆、提供暖宝宝等无私的奉献来感动队友们坚持到最后一刻。

　　促进会张丽丽会长在动员大会上曾深情地说："祖国的荣誉高于一切，上海的形象高于一切。"盛培苓借用这句话鼓励大家：我们是代表虹口区来到东方明珠电视塔下的，我们代表着虹口区，也是上海形象和祖国形象的一部分。

　　D20支队来自闵行区妇联。支队长费霞是原闵行区妇联主席，为了这次演出，费霞做了大量的协调工作：安排接送车辆、化妆师，分发客饭，通知排练时间等等。她的鼓励，让大家温暖和安心；在她的带领下，全体队员勇于直面困难、克服困难，展现了上海女性的魅力、责任和担当。

　　23位队员，在费霞的带领下，一到排练空隙，就齐齐赶到东方明珠电视塔8号门外的空地上，自己进行练习。她们相互纠正姿势，辅导动作完成得比较弱的队员，力争不让一个队员掉队。费霞还特别爱"操心"，每次排练结束，都要关照大家到家后务必在群里报个平安信，而她自己，必得抱着手机，看到最后一个队员报平安才能安心睡觉。

副支队长汪佩文，组织表演骨干辅导其他队员，她喊口令、纠姿势，不让一名队员掉队。大年三十那天凌晨，汪佩文妈妈突然逝世，作为独女的她，在悲痛中料理完家事后，离开90岁高龄、正需要她陪伴的父亲，坚持来到排练现场。她的付出，深深感动了大家。

E21支队是整个表演团中较为特殊的支队，是由上海财经大学、海派旗袍文化促进会个人会员及其他旗袍爱好者组成的，大家是通过这次央视春晚的表演活动才第一次有缘见面的。由于大家来自社会各界各方，没有类似区妇联这样的单位支撑，所以在17天的排练中，E21支队的队员们遇到的困难更比其他支队多，付出的也更多。比如，有的队员住在青浦，面对常常排练到凌晨2点的节奏，毫无怨言，默默地在东方明珠电视塔附近找宾馆住下，第二天一早还坚持回去上班；有的队员生病，嗓子全哑了，但始终坚持，全勤参加；有的队员家中孩子很小，又无老人照顾，但也克服困难，坚持完成了任务；有的队员为全支队提供化妆师，有的队员买来暖宝宝和大家分享，有的队员拿出自己心爱的旗袍借给姐妹……

这样的队伍表现，离不开支队长卓亚岚在队伍建设上所付出的心血。这位本科研习法律，之后又获得美国华盛顿国际大学经济学博士的高知女性，具有出色的领导能力，不仅是丝路锦带（上海）文化发展有限公司的总裁、中企万博（上海）企业发展有限公司的副总裁，还是世界博览会总代表与馆长联合会中国中心的副主席。

E22支队队员来自嘉定区各街镇妇联的推荐，队员年龄跨度大、职业差别大，刚开始时经常在排练站位问题上产生矛盾，缺乏团队合作意识。支队长陈晔曾就职于嘉定区电视台，是位美女新闻主播，虽然辞职创立"拾香集"品牌，成了一名中国香文化的研究者和推广者，但她仍保留着一名优秀采访者所具备的素养——迅速走进人心。作为队长的她带头不抢位，为有事晚到的队员预留位置；当队员之间发生口角时，她不袒护，不回避，而是及时予以调解；平时更是注意做好姐妹们间的沟通工作，及时开解姐妹们的情绪。当然,更重要的是,细心落实好每一天的车辆接送及化妆等实际问题,让姐妹们没有后顾之忧。

排练那段时间,正是陈晔公司新产品研发的最关键时刻,但为了发挥好支队长的带头作用,她不仅推掉了一个个推广产品的机会,甚至还延迟了新品的上市。有些朋友不理解她,认为那么多人站在台上,镜头也扫不到你陈晔,何苦牺牲公司的经济利益?但陈晔说,这不是能用合算、不合算来衡量的,这是责任。

E23支队支队长周丽丽是一家饭店的负责人,临近春节,员工们都回老家了,她每天排练到凌晨结束回到松江的家后,没有什么时间休息,紧接着5点半就要起床做早餐,开门迎接吃早点的客人了。忙完一个上午,就又要接着去排练现场了。这么苦这么累,周丽丽甘之若饴,她说自己最大的动力来自支队所有姐妹彼此间的理解和无微不至的关怀,以及读五年级的儿子的支持,放寒假到过完年,为了春晚排练,周丽丽没有陪过他一天。

E24支队支队长徐金花和E25支队支队长顾瑾,同样都是优秀的支队长。

F26支队的队长是全国劳模、上海海派旗袍文化大使之一的上海航空公司乘务员吴尔愉,这位明星支队长的闪亮表现,下文会有详细的描述。这里要好好说说的,是由上海交通大学的10位留学生组成的E27支队的支队长高磊。

上海交通大学非常珍惜与重视留学生参与央视春晚海派旗袍表演的活动,从学生选拔、组织排练、参加录像等方面都给予积极配合与支持,其中投入得最多的便是负责留学生工作的高磊老师。由于留学生对活动重要性的认知与文化的差异不同,给组织协调工作带来了非常大的挑战,但高磊老师充分发扬团队协作攻坚精神,由学校留学生发展中心牵头,在人文学院、国际事务学院以及安泰经管学院等相关学院院领导的支持下,他克服学校术放假本职工作忙的困难,积极参与组织学生的彩排、服装鞋子的量制与修改等工作。

F28支队是最后组建的台胞姐妹旗袍队,支队长林玉珍带领着大家迅速融入520这个大家庭,F28支队的人数虽然不多,但她们是联系两岸旗袍姐妹的友谊桥梁,她们以自己的出色表现,对此作了完美诠释。

逐梦6

2017年1月18日，上海

今天阴雨绵绵，气温极低，也是自1月11日以来排练时间最长的一天。但就是在这么艰苦的条件下，520位旗袍姐妹依然在两个导演组的轮替带领下，认真地进行着排练。

两个导演组分别是：歌曲与旗袍秀《爱就一个字》（该节目后放入央视在春节期间播出的四个分会场的30分钟综艺晚会中）导演组，和歌曲与旗袍秀《月圆花好》（该节目后放入东方卫视鸡年元宵晚会中）导演组。

明星们和全体旗袍姐妹们，一样穿着旗袍，一样披着简易雨披，在寒风中、在湿地上，一遍又一遍地走台。

虽然，几乎每一场排练，我都陪她们站在城市广场上，但毕竟，我还穿着棉衣。说真的，看着她们，我心疼极了。

尤其是对10位明星，在心疼之外，我还有着一份深深的愧疚。

这10位明星，除了上海航天局研究员、全国"三八红旗手"王真和上海航空公司乘务员、全国劳模吴尔愉外，都是各自艺术领域中的领头羊，也是各剧团的台柱子，每到年底，她们的演出任务是最重的，当时为了请到她们，我花了很多心思，分别和她们本人，或是她们所在剧团的团长作了多次沟通，才算是一一请到了。

我请她们来的目的，是想借她们的超高人气，凸显海派旗袍的魅力；而她们在那么重的演出任务下，最终还是答应我的请求，其实是出于对海派旗袍和对上海这座城市的热爱，是对海派旗袍文化促进会工作的支持，更是对塑造上海形象、传播上海女性时代风采所尽的一份责任。

但是，由于种种因素，节目展示内容和形式都发生了很大的变化。原本的设计，是各领域的明星上台展示各自的艺术形式，展示她们最具特色的一面，明星是节目的主角；但几经修改后的节目，是让她们带着旗袍团队走台，和明星家庭、各艺术团队等近千人共同演绎歌曲和旗袍秀《紫竹调·家的味

寒风中绽放的笑容

道》。剧种的台柱成了一起走台的"美丽风景",大家心里难免会有一些失落感。

　　因为,每位明星都想在春晚这样的重要场合,推广和扩大自己剧种的影响力,因为大家都是团里的中流砥柱,都肩负着振兴传统剧种的重任,都是凭着一份对传统剧种的热爱而在坚守着。

　　看到她们,我只能给每个人一个大大的拥抱,真诚地告诉她们——她们每一位都很美,每一位都很闪耀,在央视春晚上海分会场的舞台上,我们要齐心协力,让上海和上海女性这个整体闪耀起来。

　　她们对艺术的执着,她们对海派旗袍文化的支持,我打心眼里敬佩。

——张丽丽

闪耀之星

茅善玉

对著名沪剧表演艺术家茅善玉来说，2017年是她的第三个央视春晚之夜。

1984年，央视春晚刚办到第二届。彼时的茅善玉，是个22岁的年轻姑娘，但已在全国打开了知名度。从《红灯记》里可爱勇敢的小铁梅，到《董梅卿》里洒脱任性的官宦千金；从《石榴裙下》中温柔善良的自尊女性，到《雷雨》里畸形病态的繁漪……娇小的茅善玉将一个个形象鲜明、人物饱满的角色带给了全国的沪剧爱好者，人们都很喜欢这个嗓音甜润、柔中有刚的姑娘。鉴于此，央视春晚邀请茅善玉登上春晚的舞台。

现在回忆这第一次的央视春晚行，茅善玉已不记得自己当时是穿什么上台的了，总之，那时的人们，即便是上央视春晚这样的大舞台，讲求的也是朴素。

但对于第二次、2016年上央视春晚的服装，茅善玉记得特别清楚。因为，这当中还有一段曲折故事。当时，茅善玉准备的节目还是她最拿手的、也是全国人民最喜爱的《燕燕做媒》。第一次进京彩排，她穿的是旗袍。

可是，当时的央视春晚导演组提出：不能穿旗袍；其他剧种的表演者，都穿了戏服，沪剧也应该穿戏服。

茅善玉解释：《燕燕做媒》选自《罗汉钱》，《罗汉钱》是20世纪60年代的现代戏，不像京昆传统剧目那样有华丽的戏服，《罗汉钱》的戏服是不适宜现在春晚这样喜庆的场面的。

可是，一开始，导演组不能接受茅善玉的解释。在茅善玉的一再坚持下，导演组最终只得答应让她穿旗袍上台，但关照她要多带几套旗袍，以供他们选择。最后，茅善玉带了3件旗袍进京：红色、紫色和黑色各一件。

央视春晚导演组一看：呀，都这么好看，一时竟决定不了让她穿哪件。

茅善玉一看，其他兄弟剧种的演员，所穿的戏服可说是五颜六色，几乎什么颜色都有了，唯独紫色倒不多，她便选了由蔓楼兰公司制作的紫色旗袍。

最后一次彩排，茅善玉穿紫色旗袍走上台，台下一片喝彩声。

彩排结束，春晚主持人、同是上海人的董卿上台握住茅善玉的手说：

"刚才台下都在说，您穿旗袍太美了。我说，我们上海人穿旗袍，腔调就是不一样。我为您感到自豪。"但若说印象最深的，恐怕还是这次2017年的第三次央视春晚行。"因为实在太美丽'冻'人了。"茅善玉笑着说。

她回忆，当时的天气真的是冷得无法描述，但只要导演一说"脱"，大家都哗地褪下外套，扬起微笑，走出旗袍的婀娜多姿。

说到底，这么拼，都是因为大家爱旗袍，爱上海。

而这份爱，在茅善玉身上，体现得尤为和谐。

茅善玉唱的是沪剧，是上海正正宗宗的地方戏，也被称之为"西装旗袍"戏，很多戏都生动体现了上海的风土人情；而无论是舞台上还是生活中，茅善玉也特别喜欢穿旗袍，虽然拥有的旗袍数量不多，但追求品质的她，每一件旗袍都具有独特的魅力。这也符合上海人一贯的脾性：求精不求多。

沪剧和海派旗袍，最上海的两个元素，融合于茅善玉的身上，从儿时懵懂的喜欢开始，这份喜欢，一晃，坚持了数十年之久。

"当时的许多同学和搭档都已离开了沪剧这个舞台，而我依旧还在这里。"茅善玉说。

台上，穿着旗袍唱沪剧；台下，作为沪剧团团长的茅善玉，积极培养新人，积极创办沪剧文化节，积极推动沪剧进入社区，进入老百姓的生活里。

因为，同为非物质文化遗产，无论是沪剧，还是海派旗袍，都要活态传承，而不能被打入博物馆的冷宫。

从沪剧的非遗保护出发，茅善玉对上海文化的保护、传承和弘扬，有着自己深刻的理解。为申遗，茅善玉带领着大家，做了长达一年的资料汇总工作，这也让她由长期的实践，提升到了全新的理论高度，对沪剧艺术有了一个更理性的回顾和更清醒的认识。

她说："有一位老前辈曾说过：留住上海的语言，就是留住上海的记忆和历史。我认为这说得很恰如其分。起源于上海本地滩簧的沪剧是能够代表上海的。因为沪剧见证了上海的成长，是上海文化脉络中密不可分的一部分。虽然，现在沪剧团体寥寥无几，演出市场也不景气，热爱沪剧的观众拿不出更多的钱来看戏，演艺人才又行当不全，青黄不接，各个艺术部门都存在缺乏接班人的问题。但是，如果能留住上海语言，沪剧就有了发展的基础；要是失去了沪剧，那肯定是上海一个无法弥补的遗憾。"

虽然入选"非遗"，但是，身为上海沪剧团团长的茅善玉，绝不会把沪剧当成历史文物。一样东西如果后继无人，只能戛然停留在历史里，那才是历史文物。但是，具有鲜明上海地域特色的沪剧，在艺术上开放包容，既善于广采博纳，又敢于标新立异，一直和时代一起发展着，无论是选择题材还是表现内容，都和上海这个城市紧紧结合在一起，而且不断有新鲜观念、新鲜面孔和新鲜创作加入。加上沪剧素来注重唱功，它的音乐清纯柔美，独具江南丝竹的情韵，不同风格的流派唱腔更是家喻户晓，到处传唱。所以，沪剧绝不会成为历史文物，而只会在更多人的关注下更好地发展下去。

茅善玉说："世界只有一个中国，中国只有一个上海，上海只有一个沪剧。作为上海特殊的人文地理环境造就的特殊地域文化，沪剧有其自身的特点和生命力。"2015年，她在参加了习近平总书记召开的文艺工作座谈会后，更加深了这一份文化自信。

对沪剧的明天，茅善玉充满信心，正如她对海派旗袍的明天：人们爱穿，就是海派旗袍的活力所在。

当美国总统里根来访上海时，茅善玉穿着海派旗袍，唱着充满海派风情的沪剧；2017年的1月15日，她又是一袭海派旗袍，在维也纳金色大厅，唱起了《罗汉钱》里"紫竹调"……

那一时刻，沪剧的美和旗袍的美，不分彼此，凝聚成一股强大的征服力量，征服了每一个见到、听到的人，不管他来自东方，还是西方。

闪耀之星

马晓晖

马晓晖对二胡有多痴迷，就对旗袍有多热爱。

这从马晓晖工作室制作的礼品上就可看出——两款充电宝，一款印着马晓晖开发的十二生肖套瓷二胡，一款印着马晓晖穿着各式旗袍的美照。

二胡与旗袍，交辉着马晓晖的人生。

前者很早就进入了她的生命，并定义了她的身份——国家一级演员，著名二胡演奏家，中国音乐家协会民族管弦乐协会理事，联合国东方艺术中心上海委员，上海晓晖艺术中心艺术总监……

在马晓晖的诸多代表作中，有两首极负盛名：一是电影《卧虎藏龙》经典配乐的二胡演奏，随着它问鼎奥斯卡音乐奖而让世界知道了二胡；另一首就是她献给恩师而自创的处女作《琴韵》，随着老师那把古老的胡琴而声名远扬。

马晓晖出生于唐山的一户书香门第，幼时随父母任教的学校——西南交大迁到了四川。虽然都是理工科教授，但马晓晖的父母都非常喜爱音乐和艺术。

当时，家中有三件宝贝：小提琴、手风琴和二胡。6岁的马晓晖拿起了二胡，于是，在那时西南交大的校园里，总能见到一个小小的身影，坐在小板凳上拉二胡，引来无数人驻足。二胡和浓浓的校园文化，将马晓晖的童年塞得满满当当。

马晓晖的父母曾郑重地问她：能否把二胡作为业余爱好，然后走父母这样的理工科之路？小小的马晓晖从容而坚定地回答："不，我要学的就是二胡。"

看到孩子的坚决，父母唯一的选择是支持。

马晓晖小学毕业那年，时任上海音乐学院附中校长的何占豪教授带队来成都招生，原本打算只招2名琵琶生，结果却从二胡考生的"汪洋大

海"中招走了马晓晖。

上海音乐学院民乐系主任、著名二胡教育家、演奏家王乙教授收下马晓晖做他的学生，他说："这个小姑娘很有灵气。"

5年后，马晓晖不负众望，以专业第一名的成绩考入上海音乐学院本科。

大学毕业后，马晓晖以优异的成绩被分配到上海民族乐团，开始了她的专业演奏家之路。

一路上，挑战从未断过，它们伴随着马晓晖的成长。

1995年，因为脊椎侧弯，马晓晖大病一场，几乎整整一年没有演出，半年没有拉琴。那一年，她觉得自己的生命与心灵都处在生死关头，几乎丧失了活下去的勇气。但她最终走了出来，仿佛凤凰涅槃，重拾二胡，在音乐的天空中起舞翱翔。

这一次的翱翔，超越了原来的高度，是以生命的顿悟为张力的——马晓晖想把1000多年前，由丝绸之路传入中国，并在中国得以完善与成就的二胡，再传播到世界各地去。

1996年10月，马晓晖在上海音乐厅演出，拉的是一首由河南豫剧改编的《河南小曲》。这首作品的演奏方式，诙谐独特，幽默生动，弓法与技法细腻微妙，优美且充满民族风格的琴声，激起了在台下观看的德国钢琴家蒂姆·欧文斯的强烈共鸣。

演出一结束，欧文斯便找到马晓晖，邀请她去德国进行一场《二胡与钢琴：中西对话音乐会》。于是在这位钢琴家的协助下，马晓晖在德国汉诺威举办了一场沙龙音乐会，这成为马晓晖走出国门的第一次。

从此，一发而不可收。

二胡，就像马晓晖的翅膀，带着她的初心和梦想，开始了与世界的对话。

马晓晖感觉自己就像一个文化的"吉普赛女郎"，带着二胡，满世界游走。她的足迹，遍布欧美亚非，在世界各地举办了千余场独奏音乐会与演讲，她用演奏征服世界各地的观众，她用虽不够流利、但饱含至诚的英文，讲述二胡的故事。

2000年开始，作为上海申博文化大使的马晓晖，带着二胡奔走在世界各地，边演出边宣传2010年上海世博会。音乐，融化了不同民族、不同国家之间的隔阂。

2008年11月，作为踏入联合国艺术大厅的首位中国民乐艺术家，马晓晖在那里举办了讲座和独奏音乐会。当五星红旗在空中迎风招展的时候，马晓晖深深地为祖国而骄傲，也为自己用二胡给世界带去中国的音乐而自豪。

2014年5月的亚信峰会，马晓晖与著名沪剧表演艺术家茅善玉的跨界合作《燕燕做媒》，赢得了在场第一夫人们的赞赏。

······

因为马晓晖及其他世博文化大使们的共同努力，世博会选择了上海，于2010年顺利举办；也就是在这一年，马晓晖众多的社会身份中又多了一个——海派旗袍文化大使。

在世博会期间的女性国际峰会上，马晓晖带着上海的女艺术家们，在峰会上展现海派旗袍的魅力。此后，但凡展示旗袍魅力的活动，马晓晖都没有推辞，海派旗袍文化促进会成立后，更是如此。

2016年2月，促进会接受了上海现代服务业联合会年会上上海海派旗袍文化专场展示的任务。其中安排有马晓晖带着姐妹们演绎《茉莉花》。当时频繁往返于澳大利亚和上海的马晓晖，因一冷一热和过度劳累，腰一下子闪了，动都没法动。促进会的每位旗袍姐妹都对马晓晖非常关心，嘘寒问暖,想尽办法帮她减轻痛苦。但是,没有一个人提出,让马晓晖退出表演,因为,海派旗袍太需要她了。

最后,节目设计成一群旗袍姐妹围着马晓晖走动,而身着旗袍的马晓晖不用走动,站着完成了《茉莉花》的二胡演奏。

这次答应张丽丽参与央视春晚上海分会场旗袍秀也是如此。已是国内外知名的二胡演奏家,上央视春晚对马晓晖来说,图的不是名、不是利,而是为了这么一个展现上海、展现海派旗袍的机会,更是因为感佩于张丽丽对海派旗袍的一片赤心。

为了央视春晚的演出,马晓晖推掉了很多演出任务,甚至在牙疼得受不了都已经坐到手术台准备拔牙时,只因为医生告诉她拔牙后脸会肿3天而从手术台上"逃"了下来,因为脸肿了就没法在舞台上保持最好的状态。

从来没有用过这么简陋的化妆室,从来没有连续17天吃盒饭,从来没有在这样的冬夜"美丽冻人"过,近年来更从来没有登过自己不是主角的舞台,但对这所有的一切,马晓晖都无怨无悔。

因为,她爱旗袍。

马晓晖有很多旗袍,不少都是她自己设计的。因为她对旗袍有着特殊的要求:旗袍对穿着者是有行动和气质上的束缚的,没有束缚,就不是旗袍;但马晓晖表演二胡时,又需要充分的自由,需要服装能让她既可以婉约,也可以激越。所以,马晓晖的旗袍,往往是左右袖子呈不对称裁剪。

穿着自己设计的旗袍登台,马晓晖的台风广受赞誉。宽广的可塑性,不正是旗袍的魅力所在?

马晓晖常常笑言,要感谢旗袍。因为一想到上台要穿旗袍,就要控制饮食。穿旗袍不能太胖,也不能太瘦,要恰到好处。而这正是上海人的分寸感:分寸感过了,就没有了生活的情趣;但没有了分寸感,就没有了文化素养。

所以,马晓晖的爱旗袍,更爱的是旗袍与上海这座城市在气质上的相遇:都是在矜持下,有着一份斑斓,和一份柔软却又坚硬的永不放弃。

自13岁考入上海音乐学院附中,马晓晖就一直生活在上海。上海人的精致,富有逻辑性,10分把握只说8分的踏实,都让她欣赏。走过很多国家,有过很多的机会可以定居那些一听名字就浪漫满怀的名城,但马晓晖依然选择、永远选择回到上海。

在她眼里，二胡和旗袍很像，都很中国，都很走心，都是外表简单，内心却充满着张力，都是骨子里的浪漫。

为人低调的马晓晖，在宣扬二胡和海派旗袍艺术方面，却是高调的。她说："我要穿着旗袍，拉着二胡，走向世界。"在她看来，现在有些人在文化方面太盲目；要么认为自己的文化好得不得了，看不到别的文明的长处；要么全盘否定自己的民族文化，什么都是外国的好。马晓晖希望，通过自己的文化行为和文化足迹，去影响社会，影响审美。

至于这样的付出，能否凸显自己，这是她从不考虑的。大年三十那天，当朋友们跟她说，要守在电视机前看她出现在央视春晚的节目中时，她劝朋友们不要等：时间那么短，能不能上镜头都说不准；即使能上，也只是一眨眼的工夫。

镜头里有没有自己，马晓晖并不看重。她看重的是，520位旗袍姐妹的精神。她说："我看到一位旗袍姐妹在演出后这样留言，'为了这次春晚，非常辛苦和累，既没有照顾到家人，也没有在镜头里看到自己的身影，但是依然感觉非常值。'和她们站在一起，我也觉得非常值。"

虽然在短短的3分钟里，没有二胡在手的马晓晖，只是和大家在一起走步，但这走一走，绽放了海派旗袍的美。听过马晓晖演奏的人都说，马晓晖的二胡会说话；而穿着旗袍的马晓晖，亦在为上海代言。

闪耀之星

史依弘

虽然因为身体原因，史依弘在录制了央视上海地方台春节特别节目《爱就一个字》、东方卫视元宵晚会歌曲和旗袍秀《花好月圆》之后，没能参加最后的央视春晚海派旗袍表演，但她穿着旗袍的美丽倩影、对京剧艺术的执着坚持，给大家留下了深刻的印象。

国粹京剧发源地在北京，但因为史依弘这位梅派大青衣的存在，上海京剧院的实力便不容小觑。

她唱做俱佳，文武兼善；扮相俊美清丽，嗓音宽亮动听，做工细腻沉稳，台风端庄大方，颇有大家风范；武功扎实稳健，出手快捷从容，有"彩色旋风"之誉，堪称当今青年京剧表演人才中的佼佼者。

今天的梅派大青衣，始自打小开始练就的童子功。

史依弘从小天资聪慧，她学体操、练武术，在10岁那年迎来了人生第一个选择：是按部就班地上初中，还是走一条险道，去报考上海戏曲学校？

为此，家中召开了家庭会议，最后，父母让她不妨先去试一试，但没想到，家中没有任何戏剧传统的史依弘，竟然从3000名报名者中脱颖而出，被戏曲学校录取，随张美娟老师主攻武旦。

史依弘的天赋和勤奋，让张美娟非常喜欢自己这个弟子，为了挖掘她的潜力，张美娟又把史依弘托付给戏曲声乐研究专家卢文勤，让史依弘学习科学的发声方法，并从武旦转为梅派青衣，向文武并重的艺术道路发展。

现在回想起来，10岁到17岁这7年的科班经历是史依弘最难忘的，是她一生中最痛苦、也是最美好的7年，也是对她影响至深的7年。

那时，对上海人史依弘来说，最难熬的是冬天，早上5点起来练功，家中没有暖气，穿着厚棉袄半天都暖不过来，练到最后，手上、脚上都是冻疮，一踢枪，就能把脚上的冻疮震裂开。

但即便这样苦，史依弘还是觉得特别开心、特别充实，因为她和京剧在一起。

很多年以后，一位戏曲名家看到史依弘的表演惊叹："你脚下的圆场是怎么练的？怎么能这么好？"

这就是台上一分钟，台下十年功。

其实，早在求学期间，史依弘即以扮相亮丽、基本功扎实而崭露头角，成为学校的尖子生。1986年，年仅14岁的史依弘，以《挡马》一剧参加上海戏曲武功电视大赛，从林立的成年演员竞争对手手中赢过二等奖奖项。

1990年，史依弘正式进入上海京剧院，成为剧院重点培养的年轻演员。

1991年，她以《火凤凰》一剧，参加全国中青年京剧演员电视大赛，荣获"优秀表演奖"。

1994年，又以《扈三娘与王英》荣获第十一届中国戏剧"梅花奖"和第五届上海"白玉兰"戏剧表演艺术（主角）奖，被推选为首届"中国京剧之星"。

那一年年底，在上海京剧院创编的新编海派连台本戏《狸猫换太子》中，史依弘饰演以身殉义的宫女寇珠，再一次以其全面发展的艺术风格，塑造了一位令人同情的艺术形象。该剧上演后，备受观众喜爱，并拍摄成电视连续剧。

1996年，史依弘考入由文化部主办的首届"中国京剧优秀青年演员研究生班"，受到了杜近芳、李玉茹、李金鸿等京剧艺术家的指点，并且在文艺理论上得到了系统的学习，使其在艺术修养上取得了长足的进步。

1999年在毕业汇报演出的大型神话剧《宝莲灯》中饰演三公主；此后在新现代京剧《映山红》、大型交响京剧《大唐贵妃》中担任主演。

2013年1月和2013年10月，她分别在北京国家大剧院和上海逸夫舞台举行"文武昆乱史依弘"系列演出，一人独挑《玉堂春》《白蛇传》《牡丹亭》《奇双会》《穆桂英》5部京昆传统戏，更将青衣、刀马旦、武旦、闺门旦等不同行当一肩挑，产生了很大的社会影响。

2014年10月15日，史依弘应邀赴京参加文艺工作座谈会，受到习近平总书记的亲切接见。

这些年，史依弘一直走在京剧创新的道路上：她把雨果的《巴黎圣母院》改编成新编京剧《圣母院》，带着《梨花颂》站上维也纳金色大厅的舞台，扮演的虞姬出现在谭盾创作的多媒体交响音乐剧《门》中；她大量地创排新剧目，使自己的表演突破了传统京剧行当的局限，具有节奏明快、演唱与表演结合紧密、人物性格时代特色鲜明等特点。

能在传统与现代中自由穿梭，史依弘不仅要感谢很多支持她的师友，更要感谢上海这个宽容的文化环境给予她驰骋的空间。她说："虽然自己入了梨园行，但并没有被严格的师承制度束缚住手脚，我从未拜师，却自始至终得到很多老师的倾力帮助，他们倾囊相授，毫无私心。他们经历过京剧最好的年代，看过最好的表演，但他们的思想从不保守凝固，在给我打基础、立规矩的同时，支持我创新发展。"

这是上海的土壤成就的艺术的健康氛围。

就连观众，也因浸染的城市文化不同，而表现出不同的特色。史依弘在上海、北京两地演出最多，她说："上海的观众更温暖宽容一些，不管是本地的还是从外地来上海演出的演员，他们都特别捧。"

每年，史依弘都会受邀到日本演出，东京、大阪、名古屋、冲绳这些主要城市都留下过她的演出身影。为了推广和传播京剧文化，通常一出戏要演出30~50场，虽然同一出剧目多次演出，但这并没有消磨史依弘演戏的热情，相反，她非常珍惜和享受自己在舞台上的每一次演出和亮相。

面对不同国籍的观众、场场爆满的人群，她深有触动地说："连外国人都这么重视和喜欢我们中国的传统京剧，我们身为戏曲人，更应该肩负起继承传统的责任。"

在史依弘眼里，京剧是一门很奢侈的艺术。它的脸谱、服装、头饰、舞美、包括一桌二椅上面盖的桌披，每一个细节都是美学。10多年前，她做了几件戏服，女蟒、女帔、斗篷、鱼鳞甲等，也有一些京剧头面。当时，裁衣请的是上海师傅，绣活邀的是苏州绣工。

有一次，看到一家手工戏服作坊，史依弘一待就是一下午。店里收藏了不少戏服，她一件件看过去。

在生活中，最接近、最符合史依弘对服饰的审美的，便是旗袍了。"对我来说，那些世界名牌，知道就OK了，我还是觉得戏服真美，美过这些名牌奢侈品，是真正的艺术品。"而海派旗袍，因为延续了戏服的精美，又是生活的，而获得了史依弘的青睐。

东方卫视元宵节目元宵喜乐会中海派旗袍秀《月圆花好》

杨婷娜

《月圆花好》排练现场

闪耀之星

沈昳丽

排练央视春晚上海分会场节目的时候，正是国家一级演员、昆曲表演艺术家、上海昆剧团台柱沈昳丽最忙的时候。

这个忙，还不同于一般优秀演员每逢年底的那种忙，她是忙上加忙。因为，这一时期，同时有两件大事发生在她身上。

第一件是沈昳丽用10年心力筹备的一部大戏，终于入选文化部剧本扶持工程，即将于2017年8月首演，当时正是这部戏开始搭班子、排演的关键时刻。这部戏就是《红楼别梦》。

《红楼别梦》发端于沈昳丽心里那个梦牵经年的小小念想：红楼梦醒，黛玉病故，宝玉出家，宝钗的人生又将何如？她曾在待嫁时无限娇羞，曾对婚姻生活有所期待，曾为亲人和挚友的离去大悲大恸，曾经因丈夫的误解而痛心激愤，纵使"白茫茫一片真干净"，她也依旧是"山中高士晶莹雪"。

沈昳丽一直都想为宝钗排一出戏。因为"身在红尘中亦是看破红尘。她有弃世的精神，但依然选择了存活于现世，更融合于这个社会。这是我要的东西。做戏，尤其是做一个自己想要的戏，并不是单纯地去'演'一个人物，更需要的是自己内心精神的显现。"

为剧本，沈昳丽就花了整整10年时间。

故事要追溯到2006年，沈昳丽把想给宝钗写戏的想法告诉了自己的编剧好友，第二年，剧本初稿面世，但与沈昳丽想要的有差距，又因其他各种原因，终未成形。

2014年，沈昳丽在中国剧协副主席、剧作家罗怀臻老师的推介下，认识了正在德国攻读德语文学博士学位的业余编剧罗倩，便请她接手试试。

昆曲剧本的创作有其特殊的规律。一般先由剧作者写完水词，定下大概的剧情框架，随后把本子交给作曲者定曲牌，然后依照曲牌重新填词，填完之后再交给作曲者谱曲完稿。沈昳丽和罗倩就这样跨着半个地球的

时差，在微信和邮箱间往来沟通。

当罗倩拿出推倒重来的《红楼别梦》时，沈昳丽激动了。"真好！我喜欢这个本子，因为它看上去很古朴，但是有现代人的精神在里面。"

在罗怀臻的建议与指点下，罗倩又修改了两稿，才最终定稿。前辈岳美缇读了剧本对沈昳丽说："这个剧本适合昆曲，适合你。"

在默默等待了10年之后，沈昳丽的"宝钗"终于等来了她的天时、地利与人和。编剧罗倩、主演沈昳丽，再加上导演俞嫚文，这出以宝钗为主角的红楼戏，其实是三个女人共同的"别梦"。

整出戏，沈昳丽最喜欢的一幕是，薛宝钗与贾宝玉久别重逢后的两相凝望。红色皂色两条长长的围巾，是沈昳丽的"水袖"，上下翻飞间，薛宝钗与贾宝玉之间那种似近实远、似远却近的微妙潜流表现得淋漓极致。戏的结尾，告别了贾宝玉的薛宝钗幽然独坐，始终摆放在舞台背后的屏风被轻轻推开，露出一支插于净瓶之中的红梅。那是"红尘中的我，红尘中的宝钗"。

倾注了如此之多的心血，沈昳丽对这部戏的排演岂能不在意？她既是主演，其实也是制片人，从组建团队到道具落实，她样样都要管。而且，作为主演的她，一天都不能请假，因为主演请假，戏就没法排，就是浪费一天的钱。

　　第二件是当时的沈昳丽还在积极准备第28届中国戏剧梅花奖的评选。本届梅花奖是全国文艺评奖改革后的第一次评选，赛制严格，竞争激烈。在上海昆剧团的鼎力支持下，沈昳丽过关斩将，幸运地成为了此次全国昆剧界也是上海地区唯一一名入围终评的戏剧演员。5月19日晚，将在北京迎来最后一场的终评竞演。这样的挑战，也需要沈昳丽全力以赴。

　　这样两件大事加身，沈昳丽为什么还要接受张丽丽的邀请，参加央视春晚上海分会场的演出？

　　最初，沈昳丽是"迫于无奈"，因为张丽丽事先做通了上海昆剧团团长谷好好的思想工作，但当沈昳丽和张丽丽接触后，当她了解到海派旗袍文化促进会这些年来为弘扬海派文化、提升姐妹素养所作的努力后，她被深深地感动了。

　　对于海派旗袍，对于上海，沈昳丽同样有着很深的情。

　　"70后"沈昳丽是土生土长的上海人。爱美的天性，或许来自昳丽这个诗意的名字。母亲当年读到《战国策》中描写"讽齐王纳谏"的美男子邹忌的词句，"修八尺有余，而形貌昳丽"，便把"昳丽"两字给了刚出生的女儿。

　　沈昳丽和昆曲的缘分，就是从美开始的。

　　沈昳丽的奶奶是专业越剧演员。小时候沈昳丽跟着家里的长辈看了不少戏，台上演员那些华美的戏服、绚丽的头饰，让这个小姑娘忍不住暗暗心驰神往。

　　1986年，12岁的沈昳丽考入上海戏校，成为了"昆三班"的学生。进校学的第一折闺门旦戏就是《思凡》，第一次登台也是这出戏。沈昳丽至今保存着自己第一次上妆时候的照片，心里美得不行，"从头到脚都很喜欢"。

　　1994年，沈昳丽从戏校毕业，进入上海昆剧团。同年6月，文化部举办首届全国昆剧青年演员交流演出，沈昳丽以一出《醉杨妃》获得了"兰花新蕾奖"。这是她第一次参加大型比赛，之后比赛不断，折桂不断。

　　1999 年，上海昆剧团推出新版全本《牡丹亭》，老中青三代同堂，成为一时经典。上本由沈昳丽和张军领衔，这部戏为当时不到30岁的沈昳丽带来了首届中国昆剧艺术节优秀表演奖、宝钢高雅艺术奖、上海白玉兰戏剧表演艺术主角奖等多个奖项。

15年后的2014年，为纪念昆大班从艺60周年，上海昆剧团在清华园又一次推出了集齐老中青三代阵容的典藏版《牡丹亭》。已是成熟表演艺术家的沈昳丽，带去的是她自己特别钟爱的《寻梦》一折。30分钟的演出，被首都的观众赞誉为"史上最好"。

沈昳丽和旗袍的缘分，也是从美开始的。

打开沈昳丽的衣橱，旗袍占了大多数：传统的款式，传统到一片式的、不收腰的；改良的款式，可以看到当下最流行的时尚元素。

对沈昳丽来说，旗袍像她的生活态度——简单、随性。随便什么场合，不用想太多，带上几件旗袍去总是不会错的。它可以让她前1秒钟还是生活的，后1秒钟就咿咿呀呀清唱起来。因为，这些年来，除了正式演出，沈昳丽不遗余力地推广昆曲，有很多演讲或讲座，都是说着说着就唱起来、做起来了，这时候，较之戏服的隆重，旗袍显出了极大的便利性。

昆曲融入了沈昳丽的血液中，正如旗袍之于她，越来越是种自然而然的选择。以前，她还喜欢绣花的旗袍，如今，她更爱面料本身有纹理的，甚至就是粗麻细布，因为，自然。

真的很难定义沈昳丽，说她较真，她对生活中的一切，大大咧咧；说她随意，她讲求每一个细节，只要与昆曲相关，她绝不将就：

梅花奖竞演的是《紫钗记》，剧本经多次修改打磨，沈昳丽在塑造女主角霍小玉时更倾注了一腔心血，在细节处下足功夫，使得霍小玉的戏份与形象日益丰满。

《红楼别梦》右手边的台侧，用一块屏风一炉香布置了一个小景。香炉是沈昳丽多方觅来的，为了达到一炷香烧完、整场戏正好演完的效果，她一次次地试验。她觉得这不是无谓的拘泥，舞台本身就是由各个看似微小的细节成就的。

前些年，沈昳丽演《貂蝉拜月》，需要一把扇子，其实完全可以用团里现成的团扇，但她就是想做一把不同的。她为自己觅得的这柄团扇有点宫廷扇的样式，木头的镂空雕花扇柄非常精致。扇子的正面是她喜欢的花草图样，背面则是《拜月》的第一支曲辞："荼蘼径里行，香风暗引。天空云淡籁无声，画栏杆外，花影倚娉婷也。环佩叮当，宿鸟枝头惊醒。"

杜丽娘是沈昳丽成名的人物角色，也是沈昳丽用做论文的方法打磨出来的。她力图穷尽一切材料，光《寻梦》一折，就学了不下五六个版本。张洵澎、张静娴、梁谷音、张继青、沈世华、华文漪，这些昆曲大家都有属于她们自己的杜丽娘。而沈昳丽，也要悟出自己的杜丽娘。

追求极致，这就是沈昳丽，这就是上海优秀女性身上的共性。

既然答应了张丽丽参加央视春晚节目的录制，沈昳丽也是豁出去了。

那段日子里，她每天早上9点进《红楼别梦》的排练场，到下午3点，进东方明珠城市广场的春晚排练场，排练到第二天凌晨。候场的时候，她耳朵里塞着耳机，背唱腔、背曲子，碰到不顺的地方，随时和编曲者沟通。

这样连轴转，再加上东方明珠电视塔下的排练实在太冷了，沈昳丽发烧了。她撑着、撑着，直到有一天，她知道自己是撑不下去了，才去吊针。但从此，她的行程表就变成：先排《红楼别梦》，再吊针，再排央视春晚……

她整整吊了20天的针。医生一次次地骂她：不休息，这样拼，吊针有啥用？

今天的沈昳丽，回忆起这段经历，自己都不知道当时是怎么撑过来的。不过，"明星组的其他人，谁没有一把辛酸泪，谁没有豁出去不要命的时候？"

最苦的时候，最抓狂崩溃的时候，沈昳丽就想：苦过了，自己就提升了；不苦了，自身也就没价值了。

随身带着香插和线香，沈昳丽的美，美得浑然天成，美得不做作。她从来没有想过，这辈子如果不唱昆曲，自己会做什么。对她来说，昆曲是再自然不过的生活，就像饮茶、焚香、抚琴。"我越来越珍惜演出的机会了。我说的珍惜不是说给我多大的好处、多大的舞台，而是每一次登台的感受。我必须要把那个东西抓得很牢很牢。这两年我觉得自己长进特别快的地方，是我慢慢懂得了把自己包在戏里头，人和戏很自然地长在一起。以前的我可能在演出的时候表演痕迹还会有点显，会比较急于拿出我全部所有的，现在的我好像慢慢开始可以把这些痕迹擦掉，而把感受的部分放在第一位了。遇到可有可无的地方，一概擦掉，不会再去留恋那些东西。"

今天的沈昳丽，唱昆曲就像过日子，要的不是繁花似锦、万象峥嵘，而是无一处不妥帖，正如穿着旗袍的她，人与衣，气韵相和。

闪耀之星

华雯

因为一出《挑山女人》，华雯和她的宝山沪剧团不仅重回观众的视线，还一连拿下了几个全国性大奖。

《挑山女人》的故事说复杂，也简单：安徽农妇汪美红，在丈夫去世后为了将子女抚育成人，成了齐云山唯一的女挑夫。17年里，她磨破140多双解放鞋，挑断70多根扁担，养大3个孩子。

2012年，身为宝山沪剧团团长的华雯一眼看出这个故事背后的价值。她和团队直奔齐云山，找到汪美红，一次次地体验生活。2012年9月14日，《挑山女人》剧组成立。40天后，以汪美红为原型的大型现代沪剧《挑山女人》甫一首演就一炮走红。

红到什么程度？红到演出日程排得满到颇有"拼命三郎"风格的华雯也开始担心自己的嗓子了。

原来，之所以看得到挑山女人的价值，正是因为华雯自己，就是沪剧界的"挑山女人"。

身为沪剧"五朵金花"之一，华雯的从艺经历颇为"传奇"：没有进过科班却25岁就获得"梅花奖"；之后却又不曾一路顺风，而是辗转在宝山沪剧团、上海沪剧院和上海越剧院三个剧团；曾一度决心离开舞台重拾课本参加高考，也曾与史济华合演过越剧《吴汉杀妻》；不到30岁当上宝山沪剧团团长，却在这个位子上浮浮沉沉、几上几下。

从小学一直到高中，华雯都是优秀生，当年考上松江一中，父母都为之骄傲。虽然出生在沪剧演员家庭，华雯却从小对沪剧没有什么特殊感情，直到高中时偶尔看了 出《借黄糠》，便开始无可救药地爱上了沪剧。

于是，好学生变成了小戏迷，最终的结果是，大学没考上，而是进了照相机总厂的技校。入学3个月后，华雯打了退学报告，义无反顾地追随父亲去了崇明沪剧团，开始了自己的舞台生涯。

之后，经历种种坎坷，华雯都不曾放弃沪剧，对这一被称为"西装旗

袍戏"的地方剧种,她情有独钟。早年,华雯就在舞台上表演旗袍戏,几十年下来,沪剧与旗袍,已成为华雯生活中密不可分的一部分。

沪剧,是靠喝黄浦江水"长"大的,因而它的"海派味"足,体现海派艺术的本质特征更为明显、充分。

这从沪剧一段适应时代潮流、随机应变、勇于开拓的历史中就能看出。

在沪剧未进上海城以前,不论是反映农村青年男女恋爱、婚姻问题的对子戏,还是表现地主士绅阶级生活的同场戏,沪剧总是以能迅速反映现实生活引为自豪的。但毕竟是农民出身的演员去表现农村生活,难度不是太大。

辛亥革命后,第一代来沪的胡兰卿、陆金龙等艺人就面临一个严峻考验:在这灯红酒绿的十里洋场里,从经济结构到社会意识形态已经变了大样。上海洋行买办、市民阶层的艺术趣味、审美要求与农村迥然不同。这时,当时的第二代演员施春轩、筱文滨等就决心树起"改良本滩""时雅申曲"的旗帜,锐意进取,在适应中求生存、从变革中求发展。他们重金礼聘智囊人物,从文明戏、鸳鸯蝴蝶派小说、外国名著以及轰动一时的社会新闻中撷取题材,积累了数以百计反映都市生活的新剧目。有时甚至早晨看到报纸上的社会新闻,经过七嘴八舌一番议论后,当夜即与观众见面。

月圆花好全明星

汤蓓华和华雯在排练中

这类新戏便被称为西装旗袍戏,多以"五四"以后的资产阶级、小资产阶级作为剧中主人公,但它已经不热衷于粉饰太平,不再在每个戏中装上"光明的尾巴",不以大团圆结局来为剥削阶级涂脂抹粉,而是按照残酷现实的本来面目安排情节,常常以悲剧的结尾来揭示这个"损不足以奉有余"的社会黑幕。

这一时期,涌现了大批人才,形成了各种流派。解放后长期活跃在舞台上的一大批沪剧著名演员,都是在演西装旗袍戏的过程中迅速成长、红极一时的。他们的唱腔艺术既有师承,又各有创造,并逐渐形成各自的流派,如丁是娥的"丁派",石筱英的"石派",解洪元的"解派",邵滨孙的"邵派",顾月珍的"顾派",王盘声的"王派",杨飞飞的"杨派", 汪秀英的"汪派",等等。各种流派的形成,标志着沪剧艺术的成熟。

沪剧早期的唱腔是很单调的,到西装旗袍戏时期,为适应表现内容的需要,在演员与乐师的密切合作下,逐渐将沪剧长于叙事、比较单调的唱,发展成为既长于叙事又善于抒情的旋律优美的腔。那时,如反阴阳、快板慢唱、长腔慢板、长腔中板等抒情曲调相继出现,沪剧唱腔的不断革新变化,不仅丰富了沪剧声腔的表现力,而且为新中国建立后沪剧音乐的革新创造开了先河。

沪剧的这种锐意进取,化入华雯的生命中,就是一种倔强的坚持,而这不正是"挑山女人"身上的那股劲吗?

在同时代的沪剧演员中,华雯的经历似乎是最为坎坷的,但她的生命力却也是最为旺盛的。华雯说一直觉得自己是一个皮球,虽然有时会被别人扔在一边,上面蒙上灰尘,但气却一直是足足的,只要有一点点外力,就能奋力弹起来。

尽管从艺之路不那么顺利,但她不断用作品证明着自己。从艺近40年,她先后主演过40多部大戏。代表剧目有《挑山女人》《东方女性》《红叶魂》《茶花女》《红梅颂》等,她以精湛的演技、深厚的艺术修养,塑造了一系列栩栩如生的艺术形象。

她为艺术奉献,艺术也回馈了她,奖项一个接着一个,其中包括第四届中国戏剧"梅花奖"。

闪耀之星

王维倩

舞台上，上海歌剧院著名女中音歌唱家王维倩着一身红色旗袍，演唱上海老歌《花样的年华》《玫瑰玫瑰我爱你》……

旗袍上点缀着刺绣的花卉和喜鹊，华丽却不张扬，王维倩的江南女子身形，与旗袍相得益彰。

从第七届全国青年歌手大奖赛专业组美声比赛中脱颖而出的王维倩，曾经一路斩获的都是美声唱法领域的奖项，并曾主演歌剧《塞维利亚理发师》《卡门》《费加罗的婚礼》等西方经典歌剧剧目，曾在瑞士日内瓦的"莫扎特艺术节"上以现代歌剧《赌命》中的员外夫人一角而收获如潮好评，更曾在芬兰、瑞典的"萨沃林纳国际歌剧节""朵哈拉国际艺术节"上，被当地媒体盛赞"表演极其生动，声音十分温暖"，这样一位"西式"的歌唱家，如何成了海派旗袍和上海经典老歌的代言人？

原来，自2008年始，王维倩开始以跨界歌手身份大胆尝试流行歌曲演唱，录制"中国骄傲——上海老歌"系列唱片。第一张流行发烧唱片《情歌天外来》一面世，即引发了歌坛和媒体的轰动，一举而成为跨界音乐领域的佼佼者，销量惊人。

从此一发而不可收。王维倩陆续录制了《凤凰于飞》《摩登上海》《上海往事》（一、二、三、四）《美丽的梦神》等唱片。在这些唱片中，王维倩将上海的古典、现代、抒情、柔媚等百味交集的风情演绎得淋漓尽致，成为"上海的声音"。

凭借着淳美的音色、扎实的唱功、靓丽的外形，王维倩更把这股上海的风情带上了国际的舞台，在世界各地相继举办《花样年华》《海上留声》《上海制造》《岁月留芳》《往事》等个人演唱会。

很多人欣赏她的演出，都会感叹：王维倩穿旗袍就是很"像"。像什么？像的就是人们印象中的中国女性、上海女性——既妩媚矜持，又独特优雅。

王维倩演绎的上海老歌，带着历史感，却又与现代都市生活毫不违和，将20世纪30年代的摩登上海与今天的潮范上海融于一体，正如她唱

上海老歌时身上穿的旗袍，既传统，又时尚；是昨天的，更是今天的。

对于海派旗袍，王维倩有自己的偏爱与认识。她喜欢找年轻设计师做旗袍，喜欢有创意的旗袍，喜欢与自己气质、内涵吻合的旗袍。"旗袍其实从来就是不断变化的，现在的旗袍，就是要适合现代人的生活方式。"

上海女性是典型的都市女性，要工作，要挤地铁，要上得厅堂下得厨房，服装也需要适应这样的变化。因此，相比舞台上，日常活动中王维倩穿的旗袍，有更多的变化，上身短一点，下面配裤子，也别有风情。日常的朋友聚会，她也会挑一件旗袍穿上，只是不像舞台上那么鲜艳夺目，而是或低调稳重或轻俏活泼。在王维倩看来，穿旗袍，是着装者在表达自己的态度和个性。

2010年，应世博会联合国馆的盛邀，作为国内仅有的2位特邀演出嘉宾，王维倩与舞蹈家谭元元一起，参加了联合国馆举办的为各国元首展现中国艺术文化的演出，同时演绎了歌剧和上海老歌代表作；2015年，她被特聘为"海派旗袍文化大使"；2017年，在央视春晚海派旗袍表演的明星团队中，再次出现她的靓丽身影。

当大家赞叹她与海派旗袍的相得益彰时，她却在事后对整个520团队赞不绝口："我觉得海派旗袍表演是上海分会场所有节目中最出彩的一个，表演不仅充分展现了海派旗袍的美，更演绎出了上海女性这个群体的时代风采。团队成员都是经过精挑细选的、来自上海各行各业的优秀女性代表，这样的表演，很为这个城市争光。"

闪耀之星

黄奕

大家认识黄奕，是从一部部电视剧开始的：2001年的《上错花轿嫁对郎》，2003年的《还珠格格》第三部《天上人间》……

然后是一系列电影大荧幕上的形象：《十全九美》《荡寇》《歼十出击》《神奇》《窃听风云3》《史前怪兽》《国酒》……其中，《荡寇》一片入围第65届威尼斯电影节，《毒战》中干练的缉毒女警形象则让黄奕摘得首届伦敦国际华语电影节"最佳女配角"奖。

相比电视剧与电影，黄奕在慈善公益领域的表现，或许知道的人没那么多，但其实那是黄奕更为用心的地方，几乎每一年，她在慈善公益方面都有许多动作，如果罗列出来，将是一张长长的成绩单。

比如，仅2008年一年，她就相继出任了中国红十字基金会"绿丝带公益行动"的代言人、"母婴平安120行动"的爱心大使以及由世博组委会任命的"世博志愿者手势"形象大使。

比如，她在赈灾方面的奉献。2010年4月23日，在北京金山岭"绿色出行"活动中，黄奕倡导参与者一起植树414棵，用以纪念在玉树地震中不幸遇难的群众；2011年5月6日，她受邀出任"国家防灾减灾宣传大使"；印度洋海啸时，黄奕以普通义工身份到红十字会接听热线电话，并且手抱红色募捐箱，走上街头募捐；"5·12"汶川大地震，黄奕前往灾区，带去了几十箱包括帐篷等在内的救灾物资，并到红十字中心献血，还将自己的拍戏片酬全部捐出，灾后更是发起了"一路有你"奕动慈善基金募捐，致力于支持汶川地震灾区及贫困山区篮球运动设施的重建。

为支持慈善公益活动，黄奕募捐或自己捐赠了大量资金。她将自己首张专辑《第一个夏天》的全部版税捐献给了中华慈善总会，并在北京郊区创办黄奕"关爱小学"。

在2008年的新娱乐慈善群星会上，黄奕获得了"最具亲和力慈善之星"的称号；2008年的中国慈善排行榜中，她也名列十大慈善明星。

双双对对 恩恩爱爱

在这些慈善公益活动中，旗袍常常成为其中的一个元素——2006年4月7日，黄奕在上海电视台"闪电星感动"节目中，为南京一位年仅5岁的白血病男孩晨龙举行了一次特殊的慈善公益活动，她不仅在上海广电大厦进行了一场爱心演唱会，将所有门票收入捐出作为小晨龙的治疗费用，还在节目录制现场，捐出了自己在《长恨歌》中最钟爱的一件旗袍，进行义拍。

海派旗袍一直是黄奕这个上海姑娘的最爱。电影《叶问前传》在佛山拍摄期间，她身着民国旗袍亮相，尽显温婉熟雅气质；在出席某品牌举办的年度时装秀时，她一袭粉紫色丝绸短旗袍，配以红色披肩，手持中国扇风格手包，更用一头古典味道十足的"盘头"扮起30年代的上海名媛，惊艳全场。

对于旗袍，黄奕温情回忆："我从小在上海的弄堂里长大，远远地看着隔壁的阿姨穿着旗袍进进出出，非常艳羡她那种独特的上海女人味。"后来，因为拍摄《长恨歌》和《家》等作品，她一圆儿时的旗袍梦，在戏里穿上了20世纪二三十年代的旗袍。戏拍完了，对海派旗袍的爱却延续到了戏外。

现在，每逢"出征"海外，黄奕常常会挑选旗袍作为自己的"战袍"，她说："有机会出去参展时，特别想穿着我们的海派旗袍出镜。"

所以，当黄奕接到张丽丽的央视春晚海派旗袍表演邀请时，她欣然答应，虽然，这段时间，她正好在外地拍电视剧。为了不错过春晚演出的重要排练，她两次从浙江的拍摄地赶回来，排练完再当天赶回去。在车上睡觉、在车上化妆，虽然这样的节奏让人感觉特别辛苦，但黄奕没有一句怪话、牢骚话。

闪耀之星

汤蓓华

在国际舞台上，美籍华人、青年钢琴演奏家汤蓓华，是行走的旗袍广告：在美国出席各种晚会，她身着不同的旗袍；不久前，她去以色列访问，以色列前总统看着身穿旗袍的她说，东方女性太美了，含蓄优雅。

汤蓓华已经有了20多件旗袍，但每次回国，她仍然要再带上几件旗袍返美。可是，和攒了一辈子旗袍的奶奶相比，汤蓓华说自己是小巫见大巫。

说起来，汤蓓华有一个显赫的家世。

她的祖上是地地道道的上海人，是三林塘的商贾名流，曾造桥修河，创办三林百年中学。祖父是最早一批留学英国剑桥大学的博士，外公则是两航起义的领导人之一，当年率众起义，驾驶12架飞机从香港飞回大陆，从而奠定了中国民航的基础。其父多年经商，家族成员中多为商人或科学、医学界的专家。

汤蓓华的音乐之路，始于一个偶然事件：在她刚满3岁的时候，祖父从英国带回来一架古老、名贵的象牙键钢琴，她就时常爬上去，叮叮咚咚地乱弹，至此与钢琴为伴，不哭不闹了。于是，从小在香港接受过钢琴训练的母亲，就成为幼年汤蓓华的启蒙老师，父亲也尽量推掉应酬，而在钢琴边摇响78转的古董唱片机，微笑着与女儿一起聆听世界名曲。

一迷成一生。

汤蓓华先后就读于广州星海音乐学院、上海音乐学院和中央音乐学院，直至远涉重洋，成为美国明尼苏达音乐学院的一名学生。求学期间，她访师问道，曾先后求教于吴乐懿、布莱金斯基、周广仁、傅聪、吴迎和李素心等名家。对钢琴的一往情深，让她孜孜以求，终成正果。

汤蓓华不仅是一位杰出的钢琴演奏家，同时也是优秀的钢琴教育家。还在明尼苏达音乐学院攻读博士学位期间，她就开始在圣·汤姆斯音乐学院任教。她当时教出来的学生，在明尼苏达州及大芝加哥地区5个州的舒伯特钢琴比赛中，连续5年获得第一名，被当地报纸誉为五连冠老师。

2003年，汤蓓华受聘任教于上海音乐学院附中，并担任美国明尼苏达大学国际校友会上海分会会长，2014年，她更被授予美国明尼苏达大学史上百名最杰出的华裔校友之一。

汤蓓华同时还担任了历届央视钢琴、小提琴总决赛的评委，以及其他多个国际钢琴大赛的评委，并在美国南部艺术节和法国艺术节期间，受邀为大师班讲课和表演。

在美国的10年，把汤蓓华从求学者磨砺成了钢琴表演艺术家；而在上海的十几年，更把她凝练成了一位经验丰富的钢琴教育家。

"令公桃李满天下，何用堂前更种花"，多年的潜心教学，汤蓓华培养出许多的优秀少年英才：秦云轶，以史上最小的年龄获得西班牙第50届哈恩大赛金奖，成为首个获得该国际重大赛事的中国人，中国的国旗因他而能永久挂在哈恩大赛的舞台上；尹存墨，荣获第5届上海国际钢琴大赛第二名；其他如毕汉辰、徐越、卢怡等学生，也都在意大利等国际比赛中获得了10多个第一名的好成绩。为此，汤蓓华多次被上海市委宣传部人才基金会评选为特级优秀钢琴教师称号，屡获校长优秀奖、"贺绿汀"基金奖等。

教学、育人；著书、出碟；投资、办学；出访、接待……汤蓓华像蜜蜂一样勤劳工作，也像蝴蝶一样优雅生活。从旅行、读书、书法、参观博物馆，到骑马、打球、健身，汤蓓华有很多的兴趣与爱好，而最日常、最深入骨髓的，是对海派旗袍的爱好。

这份爱好来自奶奶的影响。

奶奶是金城银行行长的女儿。金城银行成立于1917年，总行曾设于天津，后迁至上海，是中国重要的四大私营银行之一，如今，上海静安寺旁边还有一个金城里，便是从前银行高管的居住地。

奶奶是燕京女子大学的学生，深得行长父亲的宠爱，每次奶奶要做旗袍，曾祖父就给奶奶买来12匹名贵面料，让她从中挑选，由此，奶奶不仅存下了很多旗袍，也存下了很多精美面料。

汤蓓华记忆中的奶奶，是各种旗袍的花样年华，这份记忆，深深影响着汤蓓华。尽管弹奏西洋的乐器，登临国际的舞台，穿梭于西式的晚会，汤蓓华的选择却很中国很上海，那便是海派旗袍。

这样的汤蓓华，会接受张丽丽会长的邀请，会舍弃各种条件优渥的邀约，而在简陋的环境中坚持排练，便没有什么好奇怪的了。在央视春晚海派旗袍排练和演出的那17天中，汤蓓华给人留下的印象是快乐的、单纯的，她自己说："和那么多优秀的姐妹一起，穿着美美的旗袍，为上海代言，怎能不快乐？"

闪耀之星

王真

毕业于西北工业大学航天学院的王真，是航天界很少见的女航天人。

身为上海航天局研究员的她，参加过多个国家重点航天项目的研制和生产任务，曾获全国"三八红旗手"、上海市"三八红旗手"标兵、上海市十大杰出青年、中国航天奖等荣誉称号。

这样的王真，似乎很难与海派旗袍联系起来，但实际上，王真是海派旗袍的爱好者。

对于海派旗袍，王真最初的印象来自20世纪三四十年代拍摄的老电影，特别是以旧上海为历史背景的，影片中的女主角，不论是富家女、交际花还是平常人家的主妇，几乎都是把旗袍作为社交和生活的服饰，或高贵或妩媚或亲切，但总是特别能体现女性的柔美和优雅。

王真至今记得自己上高中时，有一天，姐姐拿回家一本时装书，书中都是各式各样的旗袍手绘图，让她爱不释手，看了又看。她惊叹，旗袍的美具有如此神奇的魔力，大概是世界上最富有变化、最能体现女性魅力的服饰了。

尽管喜欢海派旗袍，但由于职业的关系，王真平时的着装多以职业装为主，展现的都是比较理性和严谨的形象，不曾想过去尝试穿旗袍。直到2016年的"三八"妇女节，为庆祝女同胞自己的节日，上海航天局工会决定举办一场"航天梦，巾帼情"的女职工旗袍演绎秀，王真被鼓励着第一次穿上了旗袍。

在海派旗袍文化促进会编导老师的指导下，整台节目非常成功，甚至在航天局里引发了小小的轰动。王真所在的旗袍表演队被安排作为最后的压轴戏，当王真和同事们穿着旗袍款款走上舞台时，掌声特别热烈。

就是这一次，当台下的同事被王真和王真的队友们所征服时，王真也被海派旗袍的魅力彻底征服了。海派旗袍挖掘出了王真自己都不曾意识到的另外一种潜能，闪耀出另外一种光彩。

在那之后，王真又穿着旗袍参加了多个活动，以至于单位上上下下都戏称她为"海派航天旗袍表演艺术家"了。

在上海航天局党委副书记曲雁等领导的支持下，王真参加了央视春晚海派旗袍的表演，而这次经历，让她对海派旗袍又多了一份了解。通过海派旗袍，她看到了上海女性身上最为优秀的品质，那就是奉献。

不论是张丽丽会长还是上海广播电视台编导人员，不论是同一个团里的其他明星还是500人团队中的普通旗袍姐妹，都为了这台节目在奉献、在付出，不计较得失，不计较排名，不计较镜头里是否会有自己。天寒地冻中，她们只为了给全国的观众、给全世界的华人，展现出最美的形象和最甜的笑容。

回忆17天的排练和最后一刻的绽放，王真不由得把这次央视春晚海派旗袍表演和自己的工作——卫星研制发射挂起钩来。确实，这次的表演和卫星研制发射有很多共通之处：别人看到的是荧屏上短短的不到4分钟的精彩，正如火箭成功发射、卫星顺利到达预定轨道那一刻的万众欢呼，那种绽放，都是灿烂而激动人心的；但是，正如卫星发射成功背后是无数次的测试、合练、燃料加注等，台上4分钟的背后，是520位旗袍姐妹们17天的艰辛排练；也正如卫星在轨工作的每1分钟的背后，都是各个领域、各个专业的航天人联手协作的结果一样，央视春晚海派旗袍的绽放，也有多家单位、很多人在幕后的默默付出。

"用'特别能吃苦、特别能战斗、特别能攻关、特别能奉献'的载人航天精神，来形容这次央视春晚海派旗袍表演团所展现出来的精神，真是再贴切不过了。"这是王真对这次活动最深刻的体会，而她没有意识到的是，她自己正是这两者的交集，一直以来，她所践行的正是这种奉献的精神。

闪耀之星

吴尔愉

作为上海海派旗袍文化大使之一的吴尔愉，受促进会会长张丽丽之邀，加入央视春晚上海分会场旗袍秀明星组的演出，并出任明星支队的队长。

在10人的明星团队中，吴尔愉可说是最没星光的一个，但恰恰是这位全国劳模、全国五一劳动奖章获得者、上航的乘务员，展现出了最闪耀的明星风采，获得了大家一致的肯定。

一个从未涉足演艺圈的劳模，要带领并调动好这支全是大牌的明星团队，谈何容易。

从2017年1月11日演出团队正式入驻上海东方明珠电视塔下的排练、演出现场，到27日除夕《紫竹调·家的味道》正式亮相，整整17个日日夜夜，除了完成自己的舞台角色，吴尔愉最重要、最艰巨的任务就是当好这个支队长，组织、带领明星们排练和演出，协调、处理、解决明星们遇到的各类难题。

在业界，吴尔愉的空中服务，可说是无人不晓。凡是乘坐过她航班的人，都会对她亲切的微笑、体贴的服务留下深刻的印象。无论在空中还是地面，无论是客舱还是在这次央视春晚的排练现场，吴尔愉的服务从来没有边界。

东方明珠电视塔下一间10多平方米的房间，被临时辟为明星组的休息室和化妆间，从进驻的那天起，这里就成了吴尔愉开辟的特殊的"头等舱"。

进驻东方明珠电视塔的第二天，是明星们的休息日，可吴尔愉却没闲着。为了让明星们有个挂旗袍和外套的地方，她专门去宜家买了衣架，自己搬运到休息室后，琢磨着完成了安装。

此后的日子里，吴尔愉像蚂蚁搬家似的，不断从家里、超市搬来各种食物和用品，从巧克力、蛋糕、饼干、润喉糖、各种新鲜水果等食品，到餐巾纸、湿巾纸、牙签、纸杯、卷发器等用品，只要日常用得到的，她都想到了，准备得一应俱全，把明星化妆间"武装"成了一家小型"便利店"。当然，这全是吴尔愉自己掏的钱包，对明星们则全部免费供应。

购物不难，难的是如何将食品和用品搬运到化妆间里。作为上海最热门的游览景点之一，东方明珠电视塔及周边停车很成问题，吴尔愉每次搬运食物、用品，都要将车停在数百米远的停车场，卸下后自己再"哼哧哼哧"地搬到现场。她这位"明星支队长"悄悄地干了很多力气活。

在这间小小的明星化妆间，吴尔愉拿出了空中服务细腻如丝的绝技，也奉献出了一位无私志愿者对公益事业全部的热情和责任。每天排练"收工"后，她都要打扫、整理干净后才离开；每天"开工"前，她又都要提前来补充"货源"，为这个局促的空间，填满家的味道和暖意；而当大家排练完回家休息时，吴尔愉还要等着领受第二天的任务，了解导演和指挥部有什么要求，天亮后，她就与明星们一一进行沟通和协调，把最新情况传达到位。

在备战春晚的日子里，吴尔愉与明星姐妹们结下了深厚的友情，也越来越了解她们光鲜亮丽背后的艰辛与无奈。家庭的困难，自身的疾病，繁忙的演出档期和繁重的演出任务，常常压得她们喘不过气。所以，对于她们有时确实无法到场排练，吴尔愉深深理解，她能做的，就是默默地为她们记住站位。

她曾经这样开导大家："我们参加春晚演出，就像大家共同在创造一幅油画，你不能说哪个是主要的，哪个是次要的，任何的不和谐色彩都会影响整个的画面，我们要尽力完成好自己的角色。"

再苦，再累，再大的难处，再多的委屈，吴尔愉都不会抱怨。她用一颗温暖、精致、细腻、执着、坚定的心，和永远灿烂的"尔愉"式招牌笑容，感染和融化每一块坚冰。

无论空中还是舞台，她都像一棵开满鲜花的大树，既满目芬芳、清香怡人，又扎根大地、坚定顽强。

吴尔愉的倾情付出，得到了明星们的喜爱和尊敬：有的明星留言——活动结束后，我会想念你；有的明星送歌——《如果没有你，日子怎么过》；还有的明星，送她雅号"暖宝宝"。

配合上海广播电视台导演组工作的、海派旗袍文化促进会请来的导演应忠说："吴尔愉不仅是工作中的劳模，在明星支队，她也是劳模。"

当大家对吴尔愉赞不绝口的时候，从她嘴里听到的，永远是她对别人

的赞扬。她说："张丽丽会长常常凌晨1点多还在给我发工作微信，她一个60多岁的人，为了推广海派旗袍文化，不图名、不图利，没日没夜地干，每天几乎只睡两三个小时，我们做这点，算啥！"

她又扳着手指"数落"明星：马晓晖，名气那么大，可一点都不娇气，牙痛脸肿的，依然坚持来排练，有一天，她在这里走完台后，听说第二天还要参加两会，她半夜回到家还要准备议案呢，真不容易；史依弘，京剧界的头牌，发烧了还坚持赶来排练；汤蓓华，从小到大，都生活在优渥的环境里，可她一点都不计较这里的条件，她来参加排练的次数最多，最守时；女中音歌唱家王维倩，演出任务那么重，从来没听到她有什么抱怨；最小的妹妹沈昳丽，同时在排一部大戏，她又是主演又是制片，每次排练间隙，都看到她插着耳机在背曲，小脸因为缺觉，变得灰扑扑的；还有咱上海人最喜欢的茅善玉。她是上海沪剧院的院长，又是全国政协委员，行政事务繁多，却为大家做出了好榜样；还有华雯、王真，个个都是好样的。

最终的春晚大戏中，没有看到吴尔愉的身影，但她只是微微一笑；第二天大年初一，她中午去给婆婆拜过年后，就赶到了浦东国际机场的停机坪，开始执行当天的航班任务。

她在微信朋友圈里上传了一张自拍照：脱下旗袍，换上制服的她，神采奕奕、容光焕发，丝毫看不出长期缺睡和过度疲劳留下的倦意。

逐梦7

2017年1月20日，上海

今天晚上9点多，在排练现场，我终于收到了央视春晚节目协议书，并在上面"负责人"一栏中郑重地签上了我的姓名。此时此刻，我长长地舒了一口气。

真不易啊。回想起自2017年1月11日520团队集中排练至今，每天一忙完单位的事，我都要赶到排练现场，姐妹们在奋战，我得陪着她们，因为，现场有很多事情需要及时处理。

最重要的是，每一天排练结束后，上海广播电视台导演组都要开会总结得失，同时把每天的排练视频传至央视春晚导演组及方方面面的领导，听取他们的意见。说老实话，不到最后正式演出的那一刻，没有哪一个人可以担保哪一档节目不会被撤下。在央视春晚的历史上，因为各种意想不到的情况，节目在排练过程中被撤下的例子实在太多了，甚至在年三十前两天被淘汰的都有。

事实上，我们自己就亲身经历了一回。

节目最初的版本是8分钟3个节目，除了《梦想之城》摩托车表演、各界明星家庭的联唱《家和国兴旺》外，另有与歌星张信哲、平安、韩雪3人合演的歌曲和旗袍秀《爱就一个字》，姐妹们最初正是配合这首歌的旋律走台的。从1月11日排练到14日，大家不仅练熟了，而且都喜欢上了这首歌。

但由于上海分会场的8分钟里，还要切割出1分钟，在晚会一开始，由主持人带领大家向全国人民拜年，因此，节目时间就变为了7分钟，而摩托车表演的时间是无法压缩的，因为时间再短的话，安全就无法保障了，导演组不得不把两个演唱类节目合成一个。

根据央视春晚导演组关于今年春晚要凸显与家有关的最新要求，上海分会场导演组也是蛮拼的，在指挥部会议结束后的短短12小时内，带领相关专业人员，通宵不眠，拿出了一首重新填词的、删减版的《紫竹调·家的味道》，由明星家庭、520团队和其他相关团队共同演绎。张信哲因为是单身一人，不符合以家庭为单位登台演出的要求，便不得不请他退出春晚。原已录制好的歌曲和旗袍秀《爱就一个字》则调整进入央视2017年春节期间播放的上海分会场的30分钟特别节目。

这样的大牌歌星，说退就退了，姐妹们在为他深感惋惜的同时，更觉出上央视春晚舞台的不易了。

很多变化，往往就发生在瞬息之间。所以，每天，在姐妹们结束排练回去后，我都要留下来，与导演组随时保持沟通，这样，不管哪一方、哪一个人，只要对旗袍展示这一块内容提出任何一点疑问，我都可以第一时间作出解释，或作出应对和调整。这样，每天总要到凌晨三四点才能回家，第二天又得准时去上班。

再累，也得撑着。

一次次地跟自己说：不许生病，不许倒下。我得尽全力保住节目，让节目顺顺利利地进行到最后一刻。

在协议书上签字的那一刻，我除了非常感谢一直鼎力支持的上海广播电视台的领导和上海分会场导演组外，还非常感谢我的娘家——上海市妇联的领导和往日的同事们。是市妇联徐枫主席的鼎力支持，让我们在招募演员阶段底气十足；是翁文磊副主席的直接指导和陈建军部长等同仁的热情参与，让旗袍姐妹们得到了实实在在的关心，感觉到了直达心底的温暖；我提出的希望各选送单位、各区妇联能提供公假保障、交通保障、现场探望和必要的物质关心等要求，市妇联领导"照单全收"，并抓好落实，让全体姐妹参与春晚的热情得以持久；更要感谢的是所有参与表演的旗袍姐妹和提供保障的幕后英雄，她们在面对困难时所表现出来的热忱和坚毅，让我深深感动。

——张丽丽

1日13日晚上，SMG的滕俊杰书记、王建军总裁、袁雷副书记等领导和促进会领导合影

1日13日晚上，SMG的滕俊杰书记、王建军总裁、袁雷副书记等领导来东方明珠现场看望海派旗袍文化表演团的全体演职人员，滕书记讲话给大家鼓劲

静安区妇联主席徐慧君率队慰问

黄浦区妇联陈红春副主席慰问黄浦区姐妹

1月15日松江妇联刘佳代表妇联送来水果和饮料慰问E23支队的姐妹

市台联党组书记季平带队慰问台胞姐妹

市妇联领导徐枫主席、翁文磊副主席、陈建军部长慰问送福全体队员

奉贤区妇联副主席金燕、南桥镇领导钱叶梅慰问奉贤姐妹

1月11日和15日衡山集团党委副书记杜松杨探望衡山集团参加央视春晚海派旗袍展示的姐妹

徐汇区妇联主席万小岚、徐汇区商城党委副书记李强率队慰问徐汇区姐妹

嘉定区妇联主席张丽萍率队来现场慰问嘉定姐妹

长宁区妇联主席王秀红带队慰问长宁区姐妹

1月15日晚交大黄镇副校长到现场慰问交大留学生旗袍队。

松江区妇联主席马红英带队慰问松江姐妹

浦东新区妇联领导到现场慰问旗袍姐妹

奉贤区妇联副主席金燕，南桥镇领导钱叶梅慰问奉贤姐妹

虹口区文化局局长殷光雾，妇联主席孙敏、副主席朱卓青、党工委书记苏丽等慰问虹口区姐妹

闵行区妇联领导在闵行排练厅慰问旗袍姐妹

锦江集团副总裁张伟率队慰问锦江集团姐妹

东航工会办副主任女工主任钱铁君、高峰等领导慰问东航姐妹

市女律协邹甫文会长带队慰问女律师旗袍姐妹

1月11日和15日衡山集团党委副书记杜松杨探望衡山集团参加央视春晚海派旗袍展示的姐妹

1月13日江西省驻沪办事处党组成员、副主任张雪萍、江西驻沪妇工委主任谢琼和海派旗袍促进会领导亲切交流

1月11日市妇联在巾帼园召开支持保障工作会议

区县妇联、大口系统和集团领导参加支持保障工作会议

1月25日慰问两照片合一排，文字为前一张标注

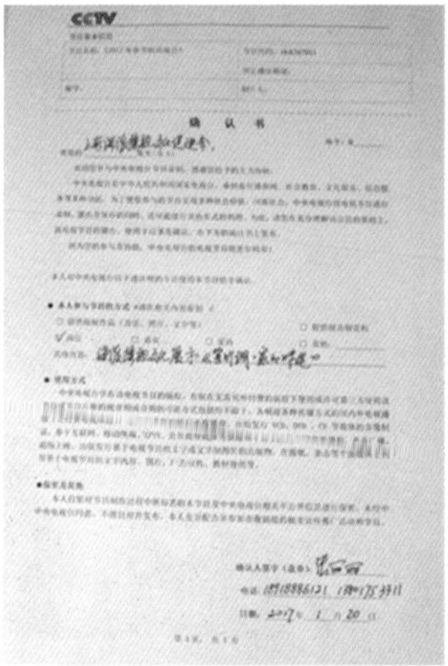
CCTV

确 认 书

1月2日张丽丽会长与央视正式签订春晚节目确认书

除夕夜候场时的欢乐场景

1月25日市妇联徐枫主席率队到现场慰问旗袍姐妹

市委常委、宣传部部长董云虎，宣传部副部长胡劲军，SMG党委书记滕俊杰等领导到现场慰问

2017年1月11日上午10点，央视春晚上海分会场海派旗袍文化展示保障工作会议在天平路245号巾帼园3楼召开，出席对象为央视春晚海派旗袍文化展示各选送单位，和各区县妇联负责人。上海市妇联宣传与网络工作部部长陈建军主持了会议。

会上，张丽丽会长就海派旗袍上央视春晚的重要意义、主要任务、具体安排作了通报，然后，市妇联翁文磊副主席讲话。她提出，央视春晚海派旗袍表演是一次展示中国形象、上海气质、女性风采的重要机会，各推荐单位要提供强有力的保障，从精神鼓励到物质保证，给予所有参演人员以坚强的支持。

一句话，央视春晚海派旗袍展示是一场前后方团结一致的联合大作战。

联合大作战

娘家人

520位旗袍姐妹奋战春晚排练现场，各路"娘家人"纷纷前来慰问，竟成此起彼伏之势。

2017年1月11日和15日，衡山集团党委副书记杜松杨来探望集团各大宾馆酒店选送的、代表衡山集团参加演出的优秀女孩们，对她们为上海、为集团争光的行动点赞。

1日13日，上海广播电视台滕俊杰书记、王建军总裁、袁雷副书记等领导，来到排练现场，为央视春晚海派旗袍表演团的全体演职人员鼓劲。

同一天，江西省驻沪办事处党组成员、副主任张雪萍，江西省妇联驻沪妇工委主任谢琼，也来为妇工委选送的43位优秀女性喊加油。

1月15日上午，松江区妇联办公室主任刘佳代表区妇联，为来自松江的E23支队的姐妹们，送来了水果和饮料。

刘主任前脚刚走，下午就来了嘉定区妇联的张丽萍主席、沈蓉副主席，她们也为嘉定姐妹们送来了羽绒背心和饼干。

这还没完，晚上，上海交通大学黄镇副校长率队来到了现场，为交大选送的10位留学生送来了暖宝宝和点心。

1月17日，静安区妇联副主席汤晓蓉一行，冒雨来到排练现场，慰问6位静安姐妹。除了仔细询问每位姐妹的排练情况和遇到的困难，妇联领导更是再三嘱咐大家，在出色完成任务的同时，一定要注意身体、注意安全。

1月20日，气温降到了-2℃，但D18支队的姐妹们，心里温暖如春，因为她们的娘家人来了。普陀区妇联殷副主席来看望坚守在排练现场的姐妹们，在外地出差的奚学琴主席则打来了热情洋溢的电话。几句暖心话，驱走了黄浦江边的寒意。

1月23日，春晚排练进入倒计时，东航集团的工会领导、女职工委员会主任钱铁君带领地服部各级领导，再次来到排练现场，慰问E23支队的东航姐妹。姜茶、暖宝宝、糕点礼盒和热腾腾的星巴克咖啡，这些都还不够，最温暖的画面是，领导们给了姐妹们一个大大的拥抱。

来现场慰问的还有奉贤区妇联、长宁区妇联的领导，以及虹口区文化局和妇联的领导……

以及，所有娘家人的娘家人——上海市妇联的徐枫主席、翁文磊副主席、陈建军部长。徐主席不仅带来了温暖的问候，还给520团队的每一位姐妹送上了红红的福字，直到今天，很多姐妹仍然把这福字挂在家中。

姐妹们笑着说，有娘家，真好。

娘家人的关心，实实在在。

23位东方航空公司的姐妹们，往年这个时候忙春运，今年则转战央视春晚这一特殊战场。为此，东航每天安排专车接送，确保队员准时到达排练现场，以最佳的状态迎接每一天的训练。

接到春晚演出任务后，锦江集团不仅克服了岁末年初人员紧张的困难，一天之内就抽调精兵强将，组成了演出团队，还指定专人负责制定服务保障方案，统一为每位姐妹采购暖宝宝和加厚保暖连裤袜。

D20支队来自闵行区，闵行区妇联早早地为大家准备了暖宝宝、水杯、巧克力等，并安排好接送的车辆。其实，更早的时候，在还未开始集中排练前，闵行姐妹自行进行基础排练时，闵行区妇联徐方主席已经进行慰问了。

事实上，最早考虑到交通这一现实问题的，是嘉定区妇联。他们自1月6日起，就为嘉定姐妹租了大巴，往返接送。所以，每次排练，虽然嘉定姐妹住得远，却往往是最先到的；不管排练到多晚，她们心里也很笃定，因为知道有车在等她们。

嘉定区妇联不仅为姐妹们安排了车，还为她们专门请了化妆师，看到她们在车上吃面包喝开水对付午餐，就又为她们准备了可口的饭菜或精美的点心。

嘉定区妇联的这一暖心工程，迅速被崇明、松江、徐汇等区拷贝，温暖辐射开来了。

联合大作战

娘子军

联合大作战，520位旗袍姐妹是主力。这是一支能打硬仗的娘子军。

17天里排练，多少感人故事，发生在这些旗袍丽人身上。各支队的宣传员，用笔、用相机、更是用心，记录下了一个个感人画面。

A团的凌姗、李信怡、马玲，B团的粟芳、秦红英、徐红梅，C团的⋯⋯520位旗袍姐妹中，有不少是从祖国各地来到上海的新上海人，一年忙到头，春节是她们回家团圆的日子，但是，为了这次演出，她们或取消或推迟了回家的行程。

还有不少像D16支队副支队长倪筱莺这样的，她放弃了筹划已久的和家人一起去斯里兰卡旅游的安排，而留了下来。

每个团、每个支队，都有作出这样牺牲的姐妹。舍小家，为大家，她们用自己的不圆满，圆了海派旗袍走上央视春晚舞台的梦。

候场区的闷热和电视塔下的寒风凛冽，形成了强烈的温差，再加上高强度排练，很多姐妹都生病了。有感冒发烧的，有牙龈发炎、半张脸都肿起来的，还有出现突发性耳鸣的。但她们或兜里揣着药，带病上阵，或吊完针、拔了针头就赶来继续排练，只要站上台，听得导演一声令下，不管是零下几度的天，不管医生是怎么嘱咐的，她们都麻利地脱去外套，在镜头前展现婀娜身姿，绽放灿烂笑容，看不出一点生病的样子。

比如A4支队副队长姚镛，每天都是带着药来排练；队员胡凌霞，晚上排练结束了，因为打不到车而在冷风中吹了一个小时，第二天就发烧打吊针了，但烧一退，她马上赶来排练；还有徐瑛、郁苗、吴惠金、刘红、陈金华⋯⋯如果要列全带病坚持排练的人员名单，这张名单怕是会很长很长。

人到中年，上有老、下有小，正是生活压力最大的时候，家里的种种实际困难，时时考验着姐妹们。

A1支队夏玉娟的妈妈摔成了骨折，同一支队的何萍，女儿急诊输液。

A4支队的徐媄，有个7岁的宝贝女儿，女儿学了3年舞蹈，一直都是徐瑛接送、陪伴的，排练期间，女儿迎来了拉丁舞的铜牌考试，多希望妈妈陪她赴考啊，徐瑛也想亲眼看看女儿苦学的成果。

同是A4支队的吴商，6岁的儿子突发急性咽喉炎，为了不耽误排练，她狠狠心，将带儿子看病和陪护的重任托付给了母亲，孰料，连续数日照顾孙子的吴商母亲，也因过度劳累而病倒了，家里乱成一团。

D17支队的张枨，家中有两个宝宝，小的才1岁多，老人不在上海同住，丈夫工作又非常忙。

E22支队的张小花，来自南翔俪人俱乐部，她不仅路途远，更逢父亲生病住院，需要她陪护，支队里还有几位来自安亭的姐妹，她们的孩子，最大的也才4岁，最小的只有2岁，每次家里打来电话，话筒里传出的，都是孩子要妈妈的哭声，她们顶着被家人抱怨的压力，揣着对孩子的歉疚，冒着被外企除名的风险。

B7支队的刘敏，刚刚荣升为妈妈，却每次只能在深夜回家时亲亲宝贝的脸蛋。

A4支队的曹亦超和孔令惠子，排练期间还要准备行业的职业技能鉴定考试，考试内容很多，而且非常重要，这次考不过的话，以后就没机会再考了。而她们能用来复习功课的时间，只有排练的间隙和每天的早上，睡眠时间一再地被"压榨"。即使是2天的考试，也是早上赶去考场，一考完就赶回来排练。

B7支队的张琴，看起来温温柔柔，其实是跟着工程满世界跑的"女汉子"。这次活动，正赶上她负责的项目在无锡。她每天结束排练后，回家继续做案头工作，第二天早上5点起床，赶高铁去无锡开项目会，下午再折回上海参加排练，如此周而复始。

……

如果不是宣传员的挖掘，大家都不会知道她们有着这样那样的困难，因为，每次排练，大家看到的，都是她们的笑脸。

参加演出，姐妹们都是自费的，她们不仅自掏腰包、按规定定制了旗袍，还默默承担了各种额外的费用：

比如A2支队的张月华，家住金山，排练结束时已经12点多了，没有公共交通回家，她就悄悄地自费找宾馆住下。

再如D16支队的倪筱莺，因为赶不上末班地铁，结果花了174元车费打的回到家。

C13支队的贝青，排练时不小心摔了一跤，打碎了自己戴了10年的昂贵的和田玉手镯，手上还渗出了血。但她没顾上包扎，依然微笑着走在队伍中。

其实，排练中摔跤的，不止贝青一人。因为排练期间，多为雨天，在台阶上行走易摔跤，大平台是用LED屏铺成的，一下雨，也滑得很，而穿旗袍又必须配高跟鞋，因此，摔跤是常有的事，甚至有时候，一个人摔跤，会连带着摔下去一排，衣服湿了，贴在身上，更是像冰一样。

C11支队的陈尔希，就是在有一天排练时，因所站的位置刚好是有弧度的台阶，而重重地摔了一跤，脑袋当即"嗡嗡"地疼，手掌心全是血，可她也是二话不说，爬起来继续练。结束后，姐妹们发现，她额头上起了一个大大的包，撑地的手也已疼得使不上劲了，连上洗手间都需要姐妹们帮忙……

520位旗袍姐妹，来自不同的行业，有着各自的行业特点，在海派旗袍的魅力感召下，她们走到一起，达到了一种共美的境界。这里就要说一说金旗袍队的贡献了。

金旗袍表演队是由陈美丽老师率领的高水准旗袍表演队，这次春晚表演，被编入A2支队。虽然她们的艺术表现力强，但站什么位置，全部服从导演安排，从不计较。她们在排练过程中，还主动帮助其他团队，协助导演进行走台训练。尤其是热心帮助最后加入的来自中国台湾的旗袍姐妹，教她们走台步，帮她们化妆做发型。台胞姐妹感动地说："这次排演，让我们真切体会到了什么是'同胞手足情，两岸一家亲'。"

留学生们的表现也让人们印象深刻。

来自西班牙的Desiree Nieto Fernandez（中文名：孙德西），现在在上海交通大学国际与公共事务学院攻读"中国政治与经济"硕士学位。如今，走在校园内，她常常会被人认出来：瞧，她是参加央视春晚的那个穿红旗袍的留学生。"我喜欢穿红色，"孙德西说，"在中国，这是个象征吉祥和魅力的颜色，而且非常优雅。"

央视春晚演出的这件红旗袍其实已经是这位西班牙女孩的第5件旗袍收藏了。"我有2件适合日常穿的棉质旗袍，我经常会穿着去上课，"孙德西介绍，"还有3件是为节庆日或特殊场合准备的，两件是夏天的款式，一件是冬天的。"

她的同学Greta Pesce（中文名：安娜）来自意大利，也对旗袍这种中国传统服饰充满了热爱，这次春晚表演并不是安娜第一次穿旗袍，她现在拥有3件旗袍，平时就喜欢穿着旗袍出门，因为她觉得旗袍非常优雅，能够适应各种场合。

"我非常喜欢中国文化，希望能够融入，而服饰是非常好的一个文化入口。每当我穿上旗袍，我会觉得自己就是中国文化的一部分。"安娜说，"虽然我们西方女孩子的身材往往要比东方女孩子高大，但旗袍的适应性非常大，它既能衬托出东方女孩的娇小玲珑，也能展示出我们高挑身材的曼妙，而且，海派旗袍有很多创新、改良之处，是很时髦的。"

海派旗袍所带来的视觉审美，让这些来自异国他乡的女孩们，越来越钟情于海派旗袍，这份热爱与钟情，让她们义无反顾地加入到520的表演团队中。虽然过程非常辛苦，但走完这段艰难历程回头看，她们都觉得这是人生中值得珍藏的记忆。

越是传统的，越是国际的。10位留学生对旗袍的演绎，是最给力的宣传。

互助友爱之花也在520位旗袍姐妹间生根、萌芽、绽放。

A2支队中的芳婕、张馨、邓秀婷、刘立华、刘义兰等有车的队员，每次排练结束，都主动捎上姐妹们。有时候，明明要绕路的，她们也总是说，没事没事，顺路的顺路的。有一次，等方婕把姐妹们一一送回家后，她一看手表，已经是凌晨3点30分了。但早上9点30分，她又准时出现在了排练现场。

这样的故事几乎在每个支队都有发生，轿车小小的空间，充盈着温暖的友情。A1支队队员隋奕身体很弱，但即使排练到深更半夜已精疲力尽，依然和老公一起开车把队员送回家；D17支队方艳也是如此，让前来接她的丈夫先把几个家住不同方向的姐妹送回家，他们往往先从浦东送到浦西，再从浦西返回自己在浦东浦江镇的家，D16支队的琦琦亦是如此；考虑到年轻的大学生们基本没有车，也不能经常打车回家，B7支队的张秀兰便把送大学生回家的活揽到了自己身上；还有D团的李雯杰，1月22日那天，她妈妈高血压住院了，她为了赶去医院而没能像往常那样送姐妹们回家，为此还内疚了许久。

因节目设计的变动，C12支队部分队员原有的旗袍不符合要求了，一时又来不及做，浦东新区优秀共产党员周红缨立即把自己的几件旗袍贡献给姐妹们，主动把旗袍借给姐妹们的还有C13支队的徐丽华；D16支队的吴尚，不仅带病坚持排练，还带病帮姐妹们修补崩坏或钩坏的旗袍。

同样是优秀共产党员和浦东新区"三八红旗手"的陈艳，为C12支队的姐妹们准备热腾腾的姜茶，让从舞台上下来的姐妹们从胃到心都是暖洋洋的；A1支队的周秀娣，看到有队友来不及吃饭，便为她打包捎来；很多队员都会为队中的姐妹们从家中带来水果，比如A1支队的陆英，C13支队的张小燕、卢秋芳、李娟等……

为了帮助姐妹们练好队形，B10支队的陈秋丹，为大家画图标注哪句歌词应该踩到哪个点；B7支队的姐妹们，在旁人眼里特别出色，漂亮的发型为她们加分不少，而这都出自杨雅平的巧手，为了给姐妹们做发型，她每天都要提早来到排练现场。

还有更多的故事没有被记录下来，因为，对很多姐妹来说，互助友爱是件十分自然的事，一句温暖的话，一个贴心的举动，都是内心最真实的流露。就像当大家站在寒风中的舞台上，听到导演说可以原地休息了，她们会自然而然地抱在一起，彼此温暖。

D18支队的周燕珍在自己的微信朋友圈里发布了下面这段话：

"夜晚，寒气袭人。又一次进入重要的排练、录像模式，我站在大地板第三排靠上场门处，瑟瑟寒风中，穿着短袖旗袍，更觉寒气逼人。

排在我左手边的奇奇，心疼地一再关照我'当心感冒'，还把她的名贵披巾让给我披。一到排练间隙，她和另一位姐妹就把我紧紧地搂在当中，用她们的体温为我御寒挡风。

婴儿在母亲怀里的感觉，我们已经慢慢淡忘了，但姐妹们的温暖怀抱，让我重新感受到了那份安稳和惬意。这是最朴素的肢体语言，没有镜头定格这一刻，但姐妹间的真情真意，足以让我铭记一辈子。"

寒冷时候是拥抱，关键时刻是托举。

2017年1月25日晚，最后一次连线直播的关键时候，台阶上黄色方阵第一排中有位姐妹，不知道是因为鞋子掉了，还是崴到脚了，人歪了过去，眼看着就要从台阶上翻下去。说时迟那时快，D16支队的李雯杰伸出双手，紧紧握住了她的双臂，帮她稳住了身子。

这就是旗袍姐妹们的深情与厚意。

联合大作战

大后方

姐妹们的背后,有家人的鼎力支持。

桂蕾是江西省妇联驻沪妇工委选送的姐妹,孩子才2个月,每次排练间隙,她都赶紧去洗手间用吸奶器吸奶。她说,这点辛苦不算什么,最让她暖心的是来自丈夫和婆婆的支持。元旦时,桂蕾刚生完孩子出院,从妇工委处得知有这么个活动。当时,她很纠结要不要去,因为孩子一生下来就咳嗽,她很放心不下。这时,她的婆婆第一个站出来支持她去参加这么有意义的活动。

C13支队队长贾雅婷是一名优秀的女企业家,排练的时候,正是儿媳妇的预产期,本来说好由她照顾儿媳坐月子的,但在接到春晚演出的通知后,儿媳妇马上请回在瑞士生活的母亲过来帮忙,全家上下都力挺贾雅婷参加活动。

B7支队的赵锌钰,本打算今年回老家过年,但当家中老人们听说她有机会参加央视春晚时,都劝她珍惜机会,不要回来了。最了解她心思的还是她老公,他专门回了趟老家,把老人们都接到了上海。平日里不管排练到多晚,他也都开车来接她,并服从老婆大人的指挥,先把姐妹们一个个送到家里。

同一支队的刘琼珊,也把妈妈从老家接到上海来,本想尽尽孝道,可是,整个排练期间,她忙得一顿饭都没为妈妈做过,反过来,妈妈却给她天天翻着花样做饭做菜,让她增加营养应付排练。

家人不仅在家中给予支持,有时候,还会被"拖"来做志愿者。

吴文燕是宣传员,除了排练,她注意挖掘身边点点滴滴的感人故事,以此来激励队员。她的先生擅长摄影,便成了志愿者,也担任了宣传员,用相机四处捕捉姐妹们最靓丽的瞬间和最感动人的瞬间……而其实,有一个感人瞬间,他没有记录,那就是他自己的太太——吴文燕的眼睛一上妆就过敏,但为了不影响团队的整体形象,她每天滴着药水坚持化妆。

楚楚冻人抱团取暖

寒风中的微笑

到了最后冲刺阶段，张丽丽、严琦、姜为民、黄美华等促进会工作人员，都把自己的爱人动员进来，一起加入了志愿者的队伍中。每次，保障组发盒饭的工作人员队伍中都有他们的身影。

对于家人，姐妹们既感恩，也有着几分愧疚。

D20支队李红的丈夫，因脑瘤在4年里动了4次手术，如今瘫痪在家，时刻需要李红的照顾。平时排练，李红都是早上5点起床，为丈夫做好一天的饭，并喂他吃早饭，再拜托弟弟代替自己喂午饭，然后自己出门去排练。但2017年1月18日是丈夫的生日，她非常想留在家里给丈夫过生日。思想斗争了半天，她还是出门了，直到第二天凌晨2点才回到家。看着睡梦中的丈夫，她内疚得哭了，把自己没舍得吃的夜宵蛋糕，悄悄放在丈夫枕边。而这时，装睡的丈夫笑了，他拉住李红的手，轻轻说："我为你自豪。"

联合大作战

母女兵

人说"上阵父子兵"，在这次央视春晚海派旗袍表演的排练中，出现了一对"母女兵"，被传为佳话。她们便是金旗袍队的妈妈徐艺红，与东航旗袍队的女儿孙逸雯。这对平凡母女，幸运地同上春晚，一起排练，一起表演，成为母女间最亲密的互动。

东航旗袍队的姑娘们年轻俏丽，但在演绎旗袍魅力方面，年轻并不占优势，姑娘们也缺乏相关的舞台经验。母亲徐艺红作为金旗袍队的老队员，同时也是指导老师，则有着丰富的舞台经验和表演技巧，于是，她和金旗袍队其他4位老师，成了女儿她们这支队伍的编外指导。

为此，徐艺红放弃了任何休息的机会，利用一切空隙时间，从站、走、手势、转身、行礼等方面，手把手地教东航的姑娘们。功夫不负有心人，东航旗袍队在整体配合和个人走台方面都有了明显的提升。而在朝夕的相处中，东航年轻人的活力也给金旗袍团队的大姐姐们带来了很多的欢乐。

这对有爱的母女，连接起两支队伍，大家一起交流化妆、发型和保暖的经验，互相关心，互相学习，互相鼓励，共同提高，留下很多美好温馨的回忆。

母女情深，也给大家留下了深刻印象。

母亲徐艺红的身体不是很好，膝和背都有多年老伤，看着母亲在露天刺骨的寒风里，穿着旗袍一站就是好几个小时，女儿孙逸雯心疼不已。一场排练下来，做女儿的顾不得自己的辛苦，为母亲一遍遍地按摩酸痛部位。于是，大家在候场区常常看到这样的镜头：做母亲的要"赶"女儿去休息，"牛脾气"的女儿却不听话，最终是母女俩抱在了一起。

其实，做妈妈的何尝不心疼女儿。每天的排练都是非常紧凑的，排练加上往返路上的时间，一般都要超过12小时，吃饭都是用盒饭来速战速决的。盒饭吃到第12天的时候，女儿搂着妈妈撒娇，在妈妈耳边说："我想吃青椒肉丝。"

在金旗袍队的妈妈徐艺红和在东航旗袍队的女儿孙逸雯一起吃年夜饭

第二天早上，当女儿从梦中醒来时，看到的是母亲、父亲和自己丈夫在厨房忙碌的身影。原来，昨晚到家后，徐艺红便将女儿的愿望告诉了自己的老伴和女婿，老伴和女婿心疼她排练辛苦，叫她别管了，他们一早去买了新鲜的食材，打算回来做。谁知刚踏进厨房，却发现徐艺红早就守在灶台边了，她执意要亲自掌勺，要为女儿做出"妈妈的味道"。

一道道菜端上桌，一阵阵香味溢开来，央视春晚舞台上即将演绎的《家的味道》，在这个和睦的小家庭里，提前上演了。

第三章 圆梦

美丽绽放

圆梦

2017年1月27日，上海

梦，真的圆了！

　　就在刚刚过去的那一刻，当中央电视台一号演播大厅主会场连线到上海分会场的时候，海派旗袍，在全国亿万人民的瞩目下，美丽绽放了。

　　整个节目是如此的完美，一曲《紫竹调·家的味道》，表达出了人们对新的一年、对伟大的祖国、对亲密的家人，最诚挚的祝福。

　　整个节目，明星荟萃：国家最高科技奖获得者、"中国肝胆外科之父"吴孟超和中国商飞制造总师、上飞公司总工程师姜丽萍的亮相，为人们带来了惊喜；歌唱家廖昌永、舞蹈家黄豆豆、拳王邹市明带着妻儿亮相，让人们为之喝彩；奥运冠军吴敏霞、歌手平安、韩雪与父母的同台高歌，给了人们不一样的感受；来自上海歌舞团的姑娘小伙们，来自小荧星艺术团的孩子们，更升温了现场的气氛。

　　是的，他们都是明星，都很闪耀，但此时此刻，在我的眼里，最最闪耀的星光，却属于我们的旗袍姐妹。

　　央视导演组在宝贵的1分32秒时间里，给了海派旗袍8组特写镜头：10位明星仪态优雅，10位外国留学生热情奔放，大平台上150多位身着各自的美丽旗袍的姐妹青春靓丽；台阶上300多位旗袍姐妹5种色彩的线形流动十分婀娜……自信、微笑、端庄，这6个字在姐妹们身上，得到了最完美的体现。

　　520位姐妹，是这个舞台当仁不让的明星。

　　随着新年钟声的响起，2017年央视春晚的大幕就将落下，但这一刻的美丽，会永远存留。

　　梦，是真的圆了。

——张丽丽

圆梦1

2017年1月28日凌晨3点，海派旗袍文化促进会的会长、央视春晚海派旗袍表演团团长兼总指挥张丽丽，和促进会驻会副会长兼秘书长、表演团总协调严琦，带领促进会秘书处的同志，还在东方明珠电视塔下的表演团候场大厅整理现场。

17天前，在表演团进场前，他们最先来到这候场大厅，为10位明星和10位留学生准备化妆间，为520位旗袍姐妹划分团队区域，摆放椅子；如今，表演结束了，姐妹们离场了，又是他们，最后留下来收尾。

突然感觉好冷清。

原来这片场地又闷又热，500多人挤在这里，连走路都要侧着身，而姐妹们带来的衣架、热水瓶、储物箱等，以及姐妹们的笑声，更是把这里塞得满满当当的。

满满当当中，全是家的味道——17天的排练，520团队组成了一个大家庭，在这里协同作战，度过了人生中最辛苦、也是最有意义的时刻。

我们的镜头，曾经对准了参演的明星、带队的团长、负责的支队长，和一位位优秀的队员，现在必须聚焦到一直在幕后默默奉献的工作团队。

当炫目的舞台灯光渐渐暗下去，当欢乐的音乐声渐行渐远，当申城的人们都进入梦乡的时候，让我们捧起一杯热茶，回放这一幕幕感人镜头：

2017年1月1日、2日、3日，虽说是元旦假期，排练还未开始，但对负责项目组、保障组、宣传组工作总协调的严琦来说，工作早就开始了。这3天，从早上6点开始，她就守着电脑，时时和其他工作人员、和外界保持着联络。家里的保姆看不下去了，说："严老师，我看你这三天，人就几乎没动过。"

排练开始后，严琦更是开启了没日没夜疯狂工作的模式。2017年1月18日的那晚，特别冷，她陪着姐妹们排练到结束，结束后又和会长张丽丽等领导开会，19日一早，姐妹们还没来，她又出现在了排练现场。只是，那天的她，觉得候场区特别闷特别闷……也许透透气就好了，她这么想着，就走出了东方明珠电视塔，走到了附近的天桥上，结果，却晕倒在了天桥

每晚排练后开到凌晨的总结会

项目组紧张工作

支持保障工作组分发盒饭

海派旗袍表演团三期动态及时报道

忙忙碌碌的幕后英雄

摄影团队的爷爷级摄像王老师

支持保障部分发排练用雨披

上……

王梓诚，海派旗袍文化促进会唯一的大男生，第一次在春晚这么重大的项目中担任项目组组长这么大的"官"，心里既惴惴不安，又憋着一股劲。他实行精细化管理，针对每一次排练，都设计了签到表和排位表。但没想到的是，节目几乎每天都有变化，520人的表演位置每天跟着变，但王梓诚不气馁，一次又一次地在事先做好的位置图上，认认真真地标明每个人的位置。

组长的"头衔"听起来虽大，其实王梓诚什么都干，最后明星们一旦要找他，想不起他的名字，就会说"那个跑来跑去的小伙子"。

对这位毛头小伙子的一板一眼的管理方式，刚开始，年纪够做他阿姨、妈妈的旗袍姐妹们，不是很"买账"，王梓诚也曾崩溃到冲着严琦大光其火，但发完火后，这个较真的大男孩，还是继续他的一板一眼。

有一次，当他正忙得晕头转向的时候，无意中听到有旗袍姐妹在说："姐妹们，你们要听小王的，他的方法是对的。"那一刻，他真的想喊出那句"理解万岁"。

实际上，大家可都是很喜欢王梓诚的，把他当成了自家的孩子。王梓诚有个"坏"习惯，一做事就会忘了吃饭，这时候，总有姐姐、阿姨们盯着他赶紧吃。

跟着这位大组长的，还有陈美丽、张乐梅等人，他们都是项目组的成员。这些年龄大了王梓诚一圈的老师们，非常配合小王的工作，而她们的尽心尽力，也让王梓诚学到了很多。比如陈美丽，一天不落地陪伴队员们度过排练的日子，因为地方实在太挤了，她就不给自己安排固定座位，只偶尔在有椅子空着的时候，稍微坐一坐，揉一揉肿胀的双腿。

卞文和王捷也是王梓诚的"兵"，虽然卞文是上海市妇女干部学校的校长，王捷是巾帼园的副经理，但在现场，她们全无领导的架子，一心只想着怎么把后勤保障工作做好。每天，等最后一个姐妹走了，她们才撤；可即使回到了家，她们的耳朵也是竖着的，手机轻轻的叮咚声，也能让她们立刻从床上弹起来，看看总指挥张丽丽、总协调严琦、大组长王梓诚在微信工作群里有什么任务下达。

刘水华是项目组的志愿者，但她自称是一名观察员。她观察到了520位姐妹的不容易,观察到了海派旗袍文化促进会工作人员的不容易。"天下雨,又那么冷,我心里想,这时候要是有碗姜汤就好了,我才想到,一转眼,黄美华老师已经带领保障组成员把一杯杯热腾腾的姜汤送到旗袍姐妹手上了。"

其实,520团队中保障组的任务是很吃紧的。促进会办公室主任黄美华老师担任保障组组长,带领保障组的方磊、门国义、何学斌、单静芳等人,每天都是最早到、最晚离开。仅分发中饭、晚饭的盒饭与夜宵就达1.6万多份,她们总是动作迅速,为的是趁饭还热的时候,赶紧送到姐妹们手中。可是,她们自己却常常错过饭点。

采购道具也是保障组的任务。一次是根据节目录制需要,导演组提出需要贺岁道具,保障组同志通过各种渠道采购了灯笼、小鱼儿、中国结、花生结、兔子灯等一共150份充满了喜庆年味的贺岁道具,得到了导演组的肯定;另一次紧急任务是在离春晚演出前3天,张丽丽会长召开指挥部会议,除了研究宣传工作外,还决定在年三十春晚表演前,在海派旗袍表演团内部举办一场小春晚,要求保障组采购600只吉祥鸡,让旗袍姐妹们感觉520团队大家庭的温暖。由于临近春节,淘宝网已停止送货,小年夜这天,保障组的张萍萍一整天都在豫园转,一个店铺一个店铺地搜集各式各样的吉祥鸡,总算在下午4点前完成了任务。

宣传组的活儿也不轻松。指挥部要求宣传组营造浓厚的积极向上氛围,使520团队始终保持高涨的热情,这个任务就落到了促进会副秘书长兼宣传部长的姜为民身上。

姜为民是"儒雁飞"艺术团的创始人,本次还带领艺术团参加春晚表演,但她积极履行着宣传组组长的职责。一方面将指挥部提出的"祖国形象高于一切,上海荣誉高于一切"、"海派旗袍,因你更美"等口号搬上候场大厅的墙面,让这些醒目的大字天天激励旗袍姐妹;另一方面,积极编写3期简报,反映好人好事和指挥部工作动态。

这种两头忙的工作状态,逼着她只能把每天的睡眠时间压缩到两三个小时。

从一组她发在微信朋友圈里的的文字,我们可以想象那段时期她的工作常态:

"前两天感冒了,排练下场时,我走得慢,在舞台遇上了每次都来陪我们排练的丽丽会长。她上前紧紧握着我的手，不停地搓，一边说'真是冻着了，手冰凉冰凉'，冻得麻木的手怎么忍心再让会长也受冻呢，可是，我想抽却抽不开。一股暖流，从会长的手传到我的手，注入了我的心……"

"在朋友圈里发了自己感冒的消息，好些姐妹们都来关心我，来自嘉定的陈烨医生知道我忙得不可能有时间去医院的，就从她们医院配了药给我捎来……"

"昨天，我临时被严琦老师委派为队长，要我马上带领从台阶上调下来的9位姑娘排练，要在最短的时间里教会姑娘们听音乐节拍，细节方面也都要达到导演的要求，这样，她们才能在大彩排的时候跟得上……"

"今天可以不用排练了，导演让大家调整一下，我可以在家打扫打扫，等下再去亲戚家走走了。"可是，姜为民的打扫和走亲戚计划最终都落了空。因为当天下午2时，她接到通知，又赶到了东方明珠电视塔，参加张丽丽会长主持召开的宣传工作会议。会一直开到下午6点多，一散会，姜为民就开始将任务分解、布置下去。

宣传组中的宣传员们也都个个尽心尽力：

摄影、摄像老师们都是志愿者，大部分已退休，其中最大的一位摄像老师王静耀已经74岁了，但他自始至终扛着重重的摄像机，拍摄下一幕幕场景，除夕夜又主动加任务，为过生日的姐妹们拍摄欢乐的生日会场景，为姐妹们拍摄送给远方父母家人的祝福视频；

章小冬为了用镜头留下后面大台阶上的旗袍姐妹的美丽场景，一直驻守在大舞台左侧，一有休息间隙，就悄悄上去，抓拍了大量的感人照片……

其实，宣传员们也都各有各的困难，但每个人都不声不响、自己悄悄地去克服困难：金国祯的太太正在化疗；古龙的母亲脑梗，需要定期打点滴；徐龙德喉咙发炎，说话都十分困难；孟明娟患有低血糖，但她把兜里的巧克力全部给了坚持排练到最后的姐妹……

就像很多旗袍姐妹，因为实在太冷太苦了，排练完回家会痛哭一场，工作人员们由于工作压力大，也时时有想大哭一场的冲动；但也正像旗袍姐妹们一样，哭过之后，第二天还是抖擞着精神来了。

"开始觉得这山头怎么那么高，慢慢地，我们也走过来了。"严琦说。

圆梦2

除夕夜当晚11点50分许，海内外的亲朋好友纷纷发来信息："看到了！看到了！海派旗袍太美了"，一时间，"赞"满手机，祝福充屏。

这时候，应忠开怀地笑了。

应忠是一名主流晚会和创意活动的职业导演，曾执导过大大小小活动200多场次，先后荣获过公安部"金盾艺术奖"、团中央"五个一工程奖"和上海市重大晚会奖、"五一文化奖"等多项殊荣。

2014年，应忠被海派旗袍文化促进会聘为特邀导演，负责各项大型活动的编导工作。他先后担任了多届"精彩都市，因你更美——6·6上海海派旗袍文化推广日"主题活动的总导演，制作了同名的海派旗袍文化形象歌曲MV。

2015年，应忠随张丽丽会长与500多位姐妹一起远赴意大利，参与米兰世博会中国馆上海活动周的系列宣传推介活动，组织排演了快闪《茉莉花》等精彩节目，让海派旗袍文化登上了世界的舞台，充分展示了中国文化的博大精深和东方女性的独特魅力。

2016年12月26日，应忠接到张丽丽会长的电话，告知已经得到2017年央视春晚上海分会场导演组的确认，让他配合赵蕾总导演抓好520位旗袍姐妹的训练。他立即带领助理导演陈恒，迅速到岗，迅速进入角色。当他发现参与演出的姐妹们分别来自不同行业、不同的群众文艺团队，因而基础条件、表演水平参差不齐，有些甚至从来没登上过舞台时，心里不免有点担忧。但他很快把压力转化为动力，带领着陈恒助导与多位指导老师，见缝插针，分组训练，过道里、休息区都成了他的排练场。从脸部表情和一招一式入手，规范姐妹们的动作，让姐妹们体现出美感，绝不让一个姐妹掉队是应忠给自己定的目标。

有趣的是，这位导演还客串当了一回翻译。原来有一次，上海分会场导演组要求旗袍姐妹们带妆彩排时，一位工作人员急急忙忙跑来对应忠说，有一个外国留学生怎么都不愿意让发型师打理她的头发。

应忠赶紧过去，用蹩脚的英语与她进行了交流，了解到，这位留学生担心陌生人弄不好她的发型。看着泪水汪汪的留学生，应忠苦笑不得，但他还是耐心地开导她：指指身边姐妹们的各式发型，问她喜欢哪种；又问她喜欢哪种妆面……一番连说带手势的沟通后，留学生破涕为笑了，高高兴兴地化好妆登上了彩排的舞台。

连续十几天在寒风凛冽中进行室外训练，可真不是一件容易的事。为了给姐妹们鼓劲，给姐妹们树立一个榜样，每次排演时，应忠都会第一个到达现场，为姐妹们助阵。应忠的工作作风是很"凶悍"的，批评起人来，嘴像刀子一样，但每天排练结束时，他都要拉着项目组负责现场排练秩序的卞文和王捷的手，一边目送500位姐妹回家，一边鞠躬说"谢谢、辛苦了"。他说："姐妹们每天练得这么辛苦，一定要让她们走的时候是面带微笑的。"

在17天朝夕相处的日子里，应忠已成为旗袍姐妹们心目中现实版的"洪常青"。当最后的"大戏"结束，当他和旗袍姐妹们从舞台回到候场区，看着墙上"倒计时"标牌上的"0"（天）时，觉得这个"0"是多么的圆满啊，而"央视春晚，因你更美"的标语也显得格外赏心悦目……

那一刻，应忠心中想起了那一曲听了几十年的《难忘今宵》，这熟悉的旋律，从今宵开始，有了崭新的意味……

同样抑制不住激动心情的，还有巾帼园副经理王捷、项目活动及咨询部部长方磊和上海市妇女干部学校校长卞文等，她们的脸上都笑开了花，眼中却又闪着泪花。

巾帼园是促进会成立时的发起单位之一，2013年6月6日，巾帼园总经理周珏珉就在上海市妇联的支持下，在东方明珠城市广场组织了千人旗袍秀，这也为之后的"上海市6·6海派旗袍文化推广日"打下了很好的基础。2014年9月，周珏珉兼任上海海派旗袍文化促进会副会长，并以巾帼园为基地，凝聚了沪上多家致力于推广海派旗袍文化的群众文艺团队，开展海派旗袍文化的推广活动。这次央视春晚上海分会场海派旗袍的表演，正值岁末年初，在巾帼园工作繁忙、人手特别紧张的情况下，周珏珉毅然决然地抽调出主力干将王捷副经理、方磊部长等，支持和协助促进会工作，并担任了项目组和保障组的联络员，承担起具体艰苦的工作。一切的付

出，只为美丽绽放的这一刻。

站在一旁的，还有张乐梅、陈美丽、晨玲等，她们分别是恒美、金旗袍、天平俪锦等群众文艺团队的负责人，这次在导演组的带领下，担任520团队的指导老师。她们以自身的美丽、端庄、优雅和一丝不苟的专业精神，带领着各支队姐妹进行扎实的训练。

张乐梅老师，有腰疼的老毛病，一到冬天就犯，但是她一接到任务就绑着腰带上阵了。在人手特别紧张时，她带着自己的得意门生、同样参加春晚表演的陈台玲，一起辅导旗袍姐妹排练。尤其是在带领10位外国留学生排练时，特别累，但她都咬着牙坚持下来了。

陈美丽老师，担任的是A团的联络员，当5个团组建起来，指挥部要为零基础的旗袍姐妹提供视频资料先行排练时，陈美丽主动承担了拍摄视频的任务。她利用休息天，动员了金旗袍队的几位优秀姐妹，录制了基础走台训练的示范视频。当2017年1月11日520团队开始集中训练时，虽然她自己不参加演出，但她每天到得比团员们都早。

晨玲老师，担任了B7支队的支队长，在整个排练过程中发挥着骨干作用。

圆梦3

　　一曲《紫竹调·家的味道》，曲终情犹在。

　　海派旗袍上央视春晚，圆了上海海派旗袍文化促进会的一个梦，其意义深远。

　　首先，这是一份荣誉。对多少专业演员来说，上央视春晚的舞台都是一个梦寐以求却又难以企及的愿望，而促进会组织的海派旗袍表演团能代表上海在全世界240多个电视台的15亿观众面前亮相，这是一份殊荣。

　　其次，这是一种责任。促进会成立之始，就把促进海派文化传播、促进女性文明素养提升、促进海派旗袍文化品牌战略发展作为自己的使命。这次抓住前所未有的历史机遇，通过央视春晚这一大平台，很好地展示了海派旗袍文化的魅力，展现了上海女性的时代风采。

　　再次，从经历央视春晚的全过程来看，这是一次难忘的历练。这样的历练，结出了丰硕的成果，产生了3个靓丽的节目：除了央视春晚上海分会场中的歌曲和旗袍秀《紫竹调·家的味道》，还有春节期间央视三台播出的上海分会场特别节目30分钟中的歌曲和旗袍秀《爱就一个字》，以及上海东方卫视元宵节晚上播出的专题晚会元宵喜乐会中的旗袍秀《月圆花好》。

　　在央视春晚海派旗袍表演团的工作总结大会上，促进会为每一位参与者颁发了由上海广播电视台、上海市非物质文化遗产保护中心和上海海派旗袍文化促进会联合盖章的荣誉证书。张丽丽会长在总结报告中深情地说："春晚已成过去，但她必将成为我们每一个参与者人生记忆中的一抹亮色。春晚留下了宝贵的精神财富，这就是勇于拼搏的精神、集体主义的精神和自觉奉献的精神，这些精神将激励我们在今后人生的道路上走得更好更高。"

后记

美丽绽放

曹可凡在除夕海派旗袍内部小春晚现场

后记1

不能遗忘与放弃这种美

著名电视主持人　曹可凡

2017年央视春晚，我是上海分会场的主持人之一。节目排练期间，我的化妆间就在500位旗袍姐妹所在的候场大厅旁边，亲眼目睹了她们的辛苦与付出，真心为她们点赞。

央视春晚海派旗袍表演团大概是整个央视春晚上海分会场中最累的团队了。不排练的时候，她们挤挤挨挨地待在那么小的一个地下空间，腿脚都施展不开，其实是很累的；而排练的时候，她们要穿着那么单薄的旗袍，在寒风中一站就是数小时。我穿着大衣，也冻得鼻涕都流下来了，她们穿得比我们少多了，站的时间却比我们长多了。

但是，我每次看她们，她们的状态都是很嗨的。我们这些专业演员，状态是一点点调整起来的，不会从头至尾保持高度的兴奋，可是，旗袍姐妹们却是从开始第一天到结束最后一天，始终保持了昂扬的姿态。排练的时候是如此，不排练的时候，她们会在那么拥挤的空间里，找出一点点边角，去练习走步。我和她们的排练，有两天是错开的，那两天她们不在，我就觉得怪冷清的。

她们的付出是巨大的，从某种角度上说，她们的获得并不与之相等。我作为主持人，镜头会对着我，但她们中的大部分人，可能都无缘被镜头扫到，所以，她们这么做，不是为自己秀，而是为上海秀出大气魄和大格局。她们，担得起新时代上海女性优秀代表这个称号。

最后大年夜那天，大家在等直播的时候，她们搞了一场自己的草根春晚，很有意思。丽丽会长请我过去和姐妹们讲几句，我就很真心地表达了我对她们的敬意。

确实，在我眼里，她们的美与旗袍的美是融为一体的，她们外在的美与内在的美是融为一体的。对于她们这样的美丽绽放，我并不觉得意外，因为早在米兰世博会，我就看到了她们的美丽担当。因为主持中国馆的开馆仪式，我也去了米兰世博会。当时园内突然开始了一阵骚动，我听到很多外国人在议论，说是有一群中国女人穿着"长衫（西方人将旗袍称为长衫）"来了，非常漂亮。我出去一看，果然，我们的姐妹们，穿着旗袍，排成长队，娉娉婷婷地走进园区。那个场面，非常震撼。

为推广海派旗袍文化，我们的姐妹们作出了很多努力。

旗袍是我们的国服，海派旗袍尤其带有上海这座城市的历史与特质。文化的输出，不能是一个空洞的口号，而应该向国际社会展现中华民族传统文化的种种美好，旗袍便是其中一个非常好的载体。

我与一些历史老人颇有交往。晚年周小燕，仍然穿着20世纪40年代带去美国、后又带回来的旗袍，她的身材未变，她的风采未变，见了我，总是法式三贴面，穿着旗袍的身板，总是挺得直直的。直到她去世前半年，已经病得很重了，当我去看她时，她却还是要坚持坐起来接待。

海外华人在重大活动中都喜欢穿旗袍，那是对故土的一种思念。今年去世的顾维钧遗孀严幼韵女士，在年过百岁以后，依然每周两次要穿着旗袍打两次麻将。打麻将其实是她的一种社交方式，在这两天里，她一个上午要做头发，并精心挑选旗袍，而被邀请来的女眷自然也要穿着旗袍盛装而来。不穿旗袍，严幼韵是不会客的。

美是国际通行的语言，旗袍的美，同样征服了西方的心灵。2015年，我在美国，经过大都会博物馆的时候，发现里面正在举办一场以"中国：镜花水月"命名的旗袍展，王家卫担任展览艺术总监。

有两件展品给我留下了深刻印象。一件是"糖王"黄仲涵女儿黄惠兰的一件龙袍，那是我所见过的全世界最美的服装，即便是宋美龄的旗袍，也在它面前黯然失色。还有一件是20世纪30年代在美国好莱坞发展得很好的中国影星黄柳霜的，她从一个从洗衣房女工的女儿，成为好莱坞的大明星，有着很多传奇故事。

自16世纪与中国建立外交以来，西方一直对于中国既神秘又难以捉摸的器物和纹饰心往神迷，西方众多时装设计师也从中国的传统服装中得到无限灵感，旗袍满足了他们对服饰最浪漫的想象。我想，这就是一种美的征服。

而作为中国人，尤其不能遗忘、放弃这种美。

后记2

是对上海的热爱
让大家走到了一起

上海海派旗袍文化促进会会长张丽丽

直到今天,每当我想起祖母和母亲,脑海中浮现出来的,还是她们穿着旗袍的样子。

小时候是见惯了身穿旗袍的祖母和母亲在家里家外、忙这忙那的,因为见惯了,所以,旗袍的美,是和生活、和亲情融合在一起,烙进我的记忆里的。当然,祖母和母亲,也会给我做小旗袍穿。

那一年,我13岁。

祖母给我试穿小裙子、小马甲,穿好后,她轻轻搂着我说:"不要管别人对你好还是不好,你只管自己做个好人喔!"

这句话,我一直记得,也会一直记下去。

2006年底,我来到上海市妇联工作,先担任市妇联党组书记,次年9月,又加任市妇联主席。因为工作的关系,兼任了上海市服饰学会的名誉理事长。服饰学会是1985年,在时任市妇联主席的谭芾芸大姐的推动下建立的。

为迎接2010年上海世博会,我思考,用什么元素来代表和展现上海女性对世博会的期盼?记忆中,美丽、坚韧、善良的祖母形象又一次浮现在我面前。

是的,没有什么比海派旗袍更能代表上海这座城市和这座城市的女性了。

于是,在市妇联的指导和推动下,由市服饰学会主办、长宁区政府支持的"上海市2010迎世博海派旗袍风采展"靓丽开幕了。开幕式上同时宣布成立服饰学会的下属二级组织——旗袍专业委员会,并任命了上海第一批10位海派旗袍文化大使。

3月17日总结表彰大会上，老领导戴长友为SMG袁雷副书记、赵蕾总导演戴上红围巾

3月17日央视春晚上海分会场海派旗袍表演团总结表彰大会上张丽丽会长总结

美丽绽放

除夕海派旗袍内部小春晚青年演员黄奕和姐妹们合影

除夕海派旗袍内部小春晚现场

那几年，上海市妇联用心策划和组织了一些有社会影响力的旗袍文化推广活动：

2011年3月7日，在上海戏剧学院，举办了"玉兰芬芳秀浦江"中外妇女庆祝"三八"妇女节活动。驻沪的女总领事或总领事夫人共60多位，身着旗袍来参加活动。当她们娉娉袅袅地走过红地毯时，来参加活动的男总领事们，瞬间变成了手机摄影师，纷纷拍下自己夫人的美丽倩影。旗袍，像一位引导者，引导西方走向了解东方文化的路；又像一位讲述者，向西方温婉讲述中国的故事、上海的故事。

两周后，即2011年3月21日，112位身穿各式美丽旗袍的上海杰出妇女代表，出现在了中国台湾花卉博览会的现场，和她们在一起的，是来自台湾各界的200多位优秀姐妹，她们同样身穿旗袍。她们汇聚在一起，彼此交融，那一天，身穿旗袍的她们，是花博会上，比花儿更美的风景。

这是由上海市妇联牵头主办的第一届沪台妇女文化活动周中的一场活动，从此以后，"沪台妇女文化活动周"成为每一年两地妇女交流的重要平台。姐妹们都会身着旗袍，美美地来参加活动。

无论身在何处，只要穿上旗袍，姐妹们都会"认出"彼此的血脉相承；都会认同中华传统文化中这一美丽的基因符号。

到了2013年，我离开市妇联，到上海市人大常委会工作，担任市人大常委、华侨民族宗教事务委员会、外事委员会主任委员。热爱旗袍的姐妹们纷纷来找我，希望上海能有专门的组织，可以聚拢海派旗袍的热爱者、研究者和推广者。于是，在时任市文广局局长的胡劲军和市妇联主席徐枫的支持下，由我、上海市妇女儿童指导中心（巾帼园）、上海新世界股份有限公司和上海瀚艺服饰有限公司共同发起，并于2014年9月注册成立了市一级法人社会组织——上海海派旗袍文化促进会。

我一直认为，海派旗袍是穿在上海这座城市身上的美丽衣服——它既是上海这座城市的外在形象符号，也是上海这座城市的内在精神象征。

旗袍出现在上海，并在上海得到发展，并非偶然。

开埠已久的上海，东西方文化碰撞交融，不仅造就了上海兼容并蓄的文化土壤，也使上海人的心态更为开放。来到了上海的旗袍，式样一路变化着，与"旗人之袍"越离越远，在裁剪、装饰、质地、风格上都呈现出现代审美趣味，及西方时尚潮流之影响，最终独立为具有鲜明特色的海派旗袍。

原本从头到脚、宽宽大大、平铺直叙的裁剪，变得修身，衬托出女性的曲线美，这是一种勇敢，勇于做自己和展示自己；玻璃丝袜、西服外套、高跟鞋……巧妙地将各种国际时尚流行元素与旗袍进行混搭，这是一种智慧，是一种审美和创造美的能力；既紧跟潮流，又运用东方手艺，上海裁缝师傅将一粒盘扣"玩"出千变万化，这又是一种难得的定力，是对传统的坚守。在海派旗袍身上发生的这些故事，不正是上海这座创新之城、时尚之都的一个缩影吗？无论是历史的上海还是今天的上海，既锐意进取又优雅自守一直是上海的城市气质。

对此，人们是有共识的，不然，也不会有那么多的小说家、那么多的导演，会把旗袍和上海紧紧勾连，创作出那么多令人印象深刻的文艺作品。而这些文艺作品，反过来又进一步加深了这份共识。

2009年，海派旗袍制作技艺被列入国家级非物质文化遗产保护项目，但更日常、也更重要、更有效的保护，则是生活中一位位热爱海派旗袍的姐妹，把旗袍穿在身上，以自己的方式，演绎海派旗袍各种美态。因为她们，海派旗袍不会过时，不会被放进博物馆，而会永远摇曳在上海的街头。

这就是活态的传承。这种鲜活的生命力，使得海派旗袍成为了上海的一张名片。

对于这张名片，很多领导给予了莫大的支持和细心的呵护：

不能忘记，在大家为央视春晚海派旗袍的演出而辛苦排练时，上海市委宣传部部长董云虎，数次到现场慰问大家，给姐妹们带来力量和温暖；而分管央视春晚上海分会场工作的胡劲军副部长，来的次数就更多了，最后倒计时那几天，他天天坐镇指挥部，甚至还因为担心一些姐妹没有自备的旗袍，而从外单位借来了100多件，虽然这些旗袍最后没派上用场，但姐妹们的心里是暖暖的。

不能忘记，排练之初，为了体现上海文化的多元性，我们向导演组提议，组织外国留学生参与表演。上海市人大常委会副主任、上海交通大学党委书记姜斯宪听我说了想法后，亲自关心并落实学校相关职能部门帮助我们招募和组织留学生，并且在后来的排练过程中，他一直关心留学生的表现。原市人大常委会主任龚学平则在我们邀请明星的过程中，给予了有力的支持。

不能忘记，去年的"魅力上海，相约清迈"之行，带队的上海市人大常委会主任殷一璀，从未穿过旗袍，但在我们的建议下，她临行前特意定制了一件旗袍，而知道上海代表团将会穿着上海的代表性服装——海派旗袍来清迈时，清迈府府尹也穿了一身白色的民族服饰来迎接我们。当身穿旗袍的殷一璀和身穿民族服饰的府尹先生握手时，全场响起了热烈的掌声。殷主任为海派旗袍作了最好的代言。

不能忘记，当我们的旗袍姐妹为将于2016年2月5号举行的上海各界新春团拜会排演压轴节目时，来现场审查节目的时任市委秘书长尹弘，对我们的旗袍表演给予了充分肯定，并指示：舞台上去掉一些不相干的内容，以突出旗袍这一海派元素。调整后的节目，海派旗袍成了主角，在团拜会上大放异彩。

不能忘记，2015年6月的米兰世博会，是时任市政府秘书长李逸平、上海贸易促进会会长杨建荣和中国企业联合馆执委会主任陈安杰的努力，使得海派旗袍有机会出现在了上海活动周的开幕式上。

不能忘记，2015年9月第26届上海市旅游节的开幕式，在赵雯副市长的支持下，海派旗袍表演成为了压轴大戏，开幕式后，赵副市长还亲切会见了参加表演的姐妹。

不能忘记，每年海派旗袍文化促进会举办"6·6海派旗袍文化推广日"活动，都得到了上海市人大常委会副主任钟燕群，老领导周禹鹏、戴长友和杨定华等人的支持，每次他们出现在活动现场，就是一种有力的支持。

不能忘记，上海广播电视台始终把"镜头"对准海派旗袍这一美丽的上海符号，和展示、推广这一美丽符号的美丽人群，不仅热情报道一场场海派旗袍文化推广活动，更在结束央视春晚上海分会场的工作后，精选画面，为我们剪辑制作了《旗袍姐妹》的纪录片。

不能忘记，作为主管单位和指导单位的上海市妇联、上海市文广局和上海市社团局，他们是海派旗袍文化促进会最坚强的后盾、最亲的娘家。

不能忘记，上海市精神文明办公室、上海市经信委和上海现代服务业联合会等政府部门与社会组织，给予我们的支持。

对所有支持和鼓励海派旗袍文化推广的领导们，我都心怀感恩之情，但我最要感谢的，是我们的旗袍姐妹。

她们是优秀的志愿者，在她们身上，闪耀着奉献精神的光芒，而这，正是海派旗袍文化促进会自成立以来一直在倡导和践行的。

无论是米兰世博行、泰国清迈行"相约古徽州""相约遵义"……还是这次的央视春晚海派旗袍表演，参与的姐妹们，都是投入自己的时间、自己的金钱，来弘扬海派旗袍的文化、宣传上海的城市形象。

犹记得，在2015年6月9日米兰世博会中国馆上海活动周的开幕式上，海派旗袍展示是下午的主体内容，但旗袍姐妹们必须在上午即进入园区彩排及待命。从园区大门到中国馆大门，是2公里鹅卵石铺的路；从中国馆到中国企业联合馆之间是1公里的表演展示路径，大热的天，姐妹们穿着高跟鞋，来回排练5种不同展示方式结合的表演。来不及吃中饭，更别提休息了，姐妹们排练完就接着开始了下午的正式表演。

当那一天的展示表演全部结束，已是晚上10点，整个园区已经暗灯了，姐妹们这才在一天里第一次得以坐下来，而她们坐下来的第一件事，就是脱下脚上的高跟鞋。

那天走出园区、回宾馆的路上，很多姐妹是光着脚走的，高跟鞋拎在了手里。这是只有星星才看得到的一种美丽，我把这份美，看在眼里，记在心里。

两年多来，在海派旗袍文化促进会的组织下，姐妹们走过了很多地方，可是，对这些地方的观光美景，她们几乎都说不上来。比如那次米兰世博会，姐妹们自费飞米兰，也进入了世博会园区，除了中国馆和中国企业联合馆，其他国家的馆，竟是一个都没来得及参观。每次排节目，姐妹们都是在完成本职工作后，利用晚上业余时间排练的，为了争取更多的排练时间，她们总在最后去演出的途中还继续排练，常常是每到一座城市、每次入住宾馆后，第一时间寻找宾馆哪里有合适的场所可以用来排练的，哪怕那仅仅是一段窄小的楼道。

姐妹们的奉献精神令人感动，但对此，姐妹们却有着自己的理解。她

除夕海派旗袍内部小春晚现场

们从不认为自己是在付出，相反，她们觉得她们自己从海派旗袍文化中获得了许多：海派旗袍不仅让她们这些事业女性找回了女性的温柔，让她们充分展现女性的美丽，海派旗袍文化的滋养，更成就了更好的她们——赋予她们优雅的体态与积极的精神面貌。

对海派旗袍的热爱聚拢着姐妹们的心，无论她们是土生土长的上海人，还是选择了上海的新上海人，无论她们来自什么行业、什么岗位，有着什么样的身份，她们对旗袍的爱是一样的：在这份热爱的背后，是同样的对事业、对生活、对美、对上海这座城市的热爱。

是的，说到底，是大家对上海的热爱，让大家，走到了一起。

A1支队

A2支队

A3支队

A4支队

A5支队

B6支队

B7支队

B8支队

B9支队

B10支队

C11支队

C12支队

C13支队

C14支队

C15支队

D16支队

D17支队

D18支队

D19支队

D20支队

E21支队

E22支队

E23支队

E24支队

E25支队

明星支队

交大留学生支队

台湾姐妹支队

保障组合影

项目组合影

宣传组合影

春晚520名单

序号	姓名	支队	序号	姓名	支队
1	陈台玲	1	21	杨 力	1
2	马丽君	1	22	陈少微	1
3	吴文燕	1	23	张 彤	2
4	刘小青	1	24	徐艺红	2
5	赵 迪	1	25	王 晓	2
6	陈 慧	1	26	冯慧勤	2
7	黄菊芳	1	27	郑惠芳	2
8	李光琼	1	28	邓秀婷	2
9	管 荣	1	29	洪 霞	2
10	魏晓萍	1	30	刘立华	2
11	曾玉珠	1	31	刘 丽	2
12	陆 瑛	1	32	刘义兰	2
13	赵健青	1	33	陆美芳	2
14	周秀娣	1	34	马丽玲	2
15	何 萍	1	35	沈明霞	2
16	夏玉娟	1	36	汪涵熙	2
17	隋 奕	1	37	王立莲	2
18	包 瑛	1	38	吴建萍	2
19	吴 娟	1	39	徐 英	2
20	叶建秀	1	40	张月华	2

序号	姓名	支队	序号	姓名	支队
41	杨慧娟	2	66	蔡方悦	3
42	杨佳红	2	67	陈雯雅	3
43	常玉君	2	68	蒋亚蓓	3
44	张润蓉	2	69	张　莉	3
45	方　婕	2	70	翁灵洁	4
46	李　泓	2	71	姚　镛	4
47	张湧钧	2	72	曹亦超	4
48	杨春霞	3	73	孔令惠子	4
49	王　茜	3	74	凌　姗	4
50	孙逸雯	3	75	仝雪利	4
51	周　芸	3	76	梅雅轩	4
52	吕诗晨	3	77	秦　慧	4
53	李　蕾	3	78	胡凌霞	4
54	栾浩婧	3	79	武雅琪	4
55	叶　昀	3	80	杨　瑛	4
56	朱苇苇	3	81	许　菁	4
57	陈意婷	3	82	吴　商	4
58	陆鑫琳	3	83	徐　媖	4
59	王雨艾	3	84	周丽雅	4
60	李　莉	3	85	洪　鹃	4
61	程　丽	3	86	廖继音	4
62	郑雅文	3	87	李欣培	4
63	马雨洁	3	88	蒋　艳	4
64	陈晓桑	3	89	李信怡	4
65	杨　乐	3	90	文少美	4

序号	姓名	支队	序号	姓名	支队
91	薛云云	4	116	刘晓霞	6
92	张迪菲	5	117	缪行外	6
93	任清	5	118	王赟	6
94	戴凤	5	119	柯文斌	6
95	陈思来	5	120	马丽华	6
96	郑于	5	121	何筱妹	6
97	高晓琳	5	122	郑洁	6
98	李玉姬	5	123	邹佳音	6
99	姜正娣	5	124	董晓燕	6
100	冯裢旻	5	125	唐灵艺	6
101	张斯馨	5	126	晨玲	7
102	胡晓萍	5	127	谢红	7
103	卢小洁	6	128	冯秋红	7
104	葛颖	6	129	班丽蓉	7
105	黄爱敏	6	130	杨放	7
106	李逸云	6	131	冯智慧	7
107	粟芳	6	132	施雅英	7
108	余凤霞	6	133	姜为民	7
109	陈晓静	6	134	秦红英	7
110	吕和佳	6	135	郁苗	7
111	陈晓蓉	6	136	凌律玲	7
112	李佩珍	6	137	杨雅平	7
113	陈烨	6	138	张琴	7
114	陈雪瑾	6	139	刘琼珊	7
115	白燕	6	140	赵锌钰	7

序号	姓名	支队	序号	姓名	支队
141	张秀兰	7	166	黄文琪	9
142	顾倍倍	7	167	汪虹	9
143	刘敏	7	168	施燕莉	9
144	商秧	8	169	张燕	9
145	张柯蓝	8	170	马晓芳	9
146	李娇	8	171	沈青莹	9
147	陈淑娟	8	172	傅燚	9
148	陈雨沁	8	173	冯威	9
149	刘睿歆	8	174	陈和霞	10
150	沈思沁	8	175	周忆	10
151	奚祉妍	8	176	苏蕾	10
152	俞婕	8	177	姚燕	10
153	傅钰萱	8	178	曹佳	10
154	戴叶丹	8	179	陈秋丹	10
155	张紫薇	8	180	洪斌晖	10
156	郑臻	8	181	李莹	10
157	姚琴	8	182	毛慧芸	10
158	朱慧萍	8	183	孟玉杰	10
159	史旻昱	8	184	盛艳平	10
160	李思	8	185	王惠	10
161	朱玢傧	8	186	王梦静	10
162	胡嘉欣	8	187	徐红梅	10
163	曹智璘	8	188	杨玉萍	10
164	王琳	9	189	晏凌煜	10
165	符敏婕	9	190	李昱	10

序号	姓名	支队	序号	姓名	支队
191	李秀利	10	216	金晓薇	11
192	吴惠金	10	217	王 影	11
193	王强文	10	218	毛莉萍	11
194	刘金凤	10	219	余 瑛	11
195	吴春梅	11	220	候 丽	12
196	彭志萍	11	221	柳姮赟	12
197	陈巍峰	11	222	冯蓓艳	12
198	柏晓俊	11	223	李 蓉	12
199	陈 君	11	224	陈 艳	12
200	卢慧琳	11	225	张 平	12
201	朱 红	11	226	龚慧蓉	12
202	陈尔希	11	227	姜春燕	12
203	马 骏	11	228	俞 镝	12
204	吴宵红	11	229	金玉青	12
205	任 儿	11	230	周红缨	12
206	朱 洁	11	231	刘 俊	12
207	顾晓燕	11	232	羊才美	12
208	蔡锦碧	11	233	钟培元	12
209	黎翠峰	11	234	贾雅婷	13
210	冯昱岚	11	235	朱 菲	13
211	周倩义	11	236	林 洁	13
212	朱美新	11	237	贝 青	13
213	吴 英	11	238	卢秋芳	13
214	朱 盈	11	239	李 鹃	13
215	沈泉华	11	240	徐芳萍	13

序号	姓名	支队	序号	姓名	支队
241	韩 晶	13	266	黄 清	15
242	刘颖新	13	267	阎咏雯	15
243	徐丽华	13	268	缪翠珠	15
244	杨晨琳	13	269	吴燕萍	15
245	宋佩骏	13	270	黄宗瑛	15
246	霍冰雁	14	271	曾 红	16
247	马文佳	14	272	倪筱莺	16
248	朱瑞雯	14	273	赵 晨	16
249	颜维颖	14	274	苏雅琦	16
250	葛丽丽	14	275	赵 佳	16
251	宋一平	14	276	尹 丽	16
252	黄丹妮	14	277	张 静	16
253	伏怡芸	14	278	李雯杰	16
254	康 婳	14	279	江妙敏	16
255	陈梦洁	14	280	吴 尚	16
256	郑庆凤	14	281	陶雪婷	17
257	李善敏	14	282	张 怡	17
258	张群美	14	283	谈 炎	17
259	陈 晨	14	284	黄 越	17
260	赵 梅	14	285	张 枨	17
261	黄洁清	15	286	李思悦	17
262	王鸿雁	15	287	谢 琼	17
263	郭晓虹	15	288	彭 馨	17
264	叶 瑛	15	289	李燕玲	17
265	刘叶南	15	290	桂 蕾	17

序号	姓名	支队	序号	姓名	支队
291	付 丽	17	316	胡 真	18
292	张雪萍	17	317	朱克静	18
293	李茂菊	17	318	盛培苓	19
294	肖清芳	17	319	金海娥	19
295	刘 鹏	17	320	李 青	19
296	乐 珊	17	321	赵燕萍	19
297	何 英	17	322	王琴兰	19
298	薛国艳	17	323	江利萍	19
299	方 艳	17	324	王李萍	19
300	沈赛琴	17	325	贾晓瑾	19
301	熊 铮	18	326	姜 莉	19
302	林 珊	18	327	张 琪	19
303	刘殷如	18	328	陈顾红	19
304	徐 敏	18	329	宋 平	19
305	李 萍	18	330	周旸芸	19
306	徐 勤	18	331	郑肖予	19
307	腾艳红	18	332	戴 静	19
308	张迎春	18	333	廖颂庆	19
309	陈新灵	18	334	费 霞	20
310	潘雪梅	18	335	汪佩文	20
311	秦剑芬	18	336	徐 苗	20
312	陶宇红	18	337	钱俭俭	20
313	姜岭岭	18	338	范美华	20
314	张丽强	18	339	岳爱华	20
315	孙悠悠	18	340	乔卫平	20

序号	姓名	支队	序号	姓名	支队
341	李曼华	20	366	耿　文	21
342	祁　萍	20	367	金明新	21
343	厉玉萍	20	368	程志仙	21
344	郑建萍	20	369	陈　晔	22
345	楼美娣	20	370	王　红	22
346	姚伟英	20	371	付　丽	22
347	厉美萍	20	372	王　芳	22
348	赵　萍	20	373	沈清华	22
349	陈丽萍	20	374	胡安萍	22
350	卢丹维	20	375	沈　惠	22
351	殷建芬	20	376	孙　臻	22
352	方　芳	20	377	谢小英	22
353	陈　琪	20	378	杨月秋	22
354	葛芳芳	20	379	张小花	22
355	高　红	20	380	严梅英	22
356	李　红	20	381	蔡月皎	22
357	卓亚岚	21	382	王　燕	22
358	张淑芳	21	383	马春芳	22
359	何　萍	21	384	胡慧珠	22
360	张桂平	21	385	佟　璇	22
361	顾依红	21	386	张静静	22
362	曹云玲	21	387	张　霞	22
363	王苑苑	21	388	刘　莹	22
364	吕铁贞	21	389	周丽丽	23
365	林福明	21	390	宋胜兰	23

序号	姓名	支队	序号	姓名	支队
391	祝 莹	23	441	龚晓青	25
392	韩丽芳	23	442	郁金花	25
393	王彩青	23	443	钱玉姣	25
394	刘 红	23	444	裴贞贞	25
395	周萍萍	23	445	薛 琴	25
396	穆忠月	23	446	王 霞	25
397	孙翠翠	23	447	刘 喜	25
398	莫健微	23	448	林玉珍	28
399	刘晓艳	23	449	魏华穗	28
400	朱爱娥	23	450	周燕珍	28
401	马水英	23	451	朱海伦	28
402	王 芳	23	452	陈琍立	28
403	诸 君	23	453	IRINA ROLINA	27
404	朱晔婷	23	454	AURORA CRISTIANA CIOBANU JESCU	27
405	卢 燕	23	455	LIUDMYLA KHRYSTENKO	27
406	石 飞	23	456	CYNTHIA ALEXANDRA MORGADO	27
407	朱影影	23	457	EWELINA MAGDALENA ZALOT	27
408	于国华	23	458	DESIREE NIETO FERNANDEZ	27
409	徐金花	24	459	ROSELINE BERTHE DENIS ROUCHER SARRAZIN	27
410	宋雅雯	24	460	GRETA PESCE	27
411	邵宇一	24	461	ZULFIYA MIRZOEVA	27
412	朱雪花	24	462	ADRIANA ROCHELLE NEWELL	27
413	丁震宜	24	463	华 雯	27
414	倪惠红	24	464	黄 奕	27
415	徐亦琳	24	465	马晓晖	27

序号	姓名	支队	序号	姓名	支队
466	茅善玉	27	494	谷文华	工作
467	沈昳丽	27	495	金国祯	工作
468	史依弘	27	496	陈卫红	工作
469	汤蓓华	27	497	陈祖德	工作
470	王维倩	27	498	孟明娟	工作
471	吴尔愉	27	499	陈桂兰	工作
472	王　真	27	500	王静耀	工作
473	杨婷娜	27	501	徐龙德	工作
474	王梓诚	工作	502	张振华	工作
475	张丽丽	工作	503	冯　军	工作
476	严　琦	工作	504	黄美华	工作
477	王　捷	工作	505	董剑珍	工作
478	卞　文	工作	506	周珏珉	工作
479	刘　珊	工作	507	孙　斌	工作
480	应　忠	工作	508	门国义	工作
481	陈美丽	工作	509	张萍萍	工作
482	刘水华	工作	510	单静芳	工作
483	王晓敏	工作	511	方　磊	工作
484	张乐梅	工作	512	何学斌	工作
485	陈　恒	工作	513	张明霞	工作
486	王　慧	工作	514	栾承军	工作
487	颜正安	工作	515	陆海祥	工作
488	高　磊	工作	516	白　俊	工作
489	陈柳君	工作	517	沈世雄	工作
490	李培红	工作	518	於祖明	工作
491	陈建军	工作	519	周晓娟	工作
492	章小冬	工作	520	李　阳	工作
493	王宗刚	工作			

图书在版编目（CIP）数据

美丽绽放：央视春晚上海分会场海派旗袍表演团纪
实/上海海派旗袍文化促进会编.—上海：上海人民
出版社,2017
ISBN 978 – 7 – 208 – 14603 – 7

Ⅰ．①美… Ⅱ．①上… Ⅲ．①旗袍—介绍—世界
Ⅳ．①TS941.717.8

中国版本图书馆 CIP 数据核字（2017）第 164490 号

责任编辑　舒光浩　陈佳妮
装帧设计　柳友娟

美 丽 绽 放
——央视春晚上海分会场海派旗袍表演团纪实
上海海派旗袍文化促进会 编
世 纪 出 版 集 团
上海人民出版社出版
（200001　上海福建中路 193 号　www.ewen.co）
世纪出版集团发行中心发行
上海中华印刷有限公司印刷
开本 787×1092　1/16　印张 13.75　插页 4　字数 198,000
2017 年 8 月第 1 版　2017 年 8 月第 1 次印刷
ISBN 978 – 7 – 208 – 14603 – 7/G·1858
定价 98.00 元